花花世界

你所不知的植物故事

姚瀟語 著

自 序

　　牡丹桃夭，春意盎然。炎炎之夏，嫻雅芰荷。蕭瑟之秋，有菊有蓉。琉璃世界，白雪紅梅。這個千姿百態的世界，由於有了各色花兒的點綴，更顯明豔動人。

　　每一種芳草，均有她獨特的仙姿和韻味兒。

　　比如百合，何以叫「百合花」呢？又如荻花，為何「楓葉荻花秋瑟瑟」？牡丹為何又叫「木芍藥」？梅花與蠟梅、月桂與桂花、睡蓮與蓮花、玫瑰與月季等又各有什麼異同？蓮花與芙蓉為什麼都叫「芙蓉」？無花果緣何無花？羅勒為何又叫「九層塔」？牽牛為何「朝顏」？月光花為何「夜顏」？旋花又何以「晝顏」？凡此種種，不勝枚舉。

　　每一種芳草，亦又有其背後的故事。

　　杜鵑花與杜鵑鳥有何淵源？西人為何要在槲寄生之下親吻？水仙為何很自戀？荷蘭的「鬱金香狂熱」、英格蘭的「紅白薔薇戰爭」又是怎麼一回事？薄荷是女妖？迷迭香與愛神有緣？百里香是「女神之淚」？鈴蘭又是「聖母之淚」？雛菊如何卜卦愛情？李白和楊貴妃之間何以滋生「牡丹心結」？紫蘇見證過西子的美麗和夫差的覆滅？

　　這一本小書，就是要粗陋描繪一下各種芳草，梳理一些花容之間的微妙差異，講述一些關於花草的奇聞軼事，私心想來，這究竟是不是有趣的，唯有看大家的評鑒。

目次

百合花和鬱金香

百合花，百合科百合屬的，鬱金香，百合科鬱金香屬的，兩者同科不同屬。她們既然同在一科，那就定有相似之處了，的確如此，百合花和鬱金香，有兩點最為相似了：一個是鱗莖，一個是花形。

先談談鱗莖。鱗莖就是生了鱗片的莖，比如洋蔥、大蒜那樣。鱗莖一般會膨脹成球形，因此也有把它叫球莖、球根的，但其實它是莖而不是根，因為它不能從土壤中吸收養料，要吸收養料，還是得靠鱗莖下的小根、根毛了。鱗莖十分有用，它是可越冬、可保存、可繁殖的，也是優良品種千秋萬代傳下去的寶貝，因為經由鱗莖的繁殖是無性繁殖，不會改變親代的基因的。

百合和鬱金香的鱗莖，都是那種由許多片鱗片葉一層層包起來的小球，那鱗片葉是名副其實的魚鱗形，一片一片的，不像洋蔥那樣是一環一環的。雙姝的鱗莖雖像，但也很好甄別，鬱金香的鱗莖外裹了一層外皮，百合的鱗莖卻是裸露的，裡面的一片片鱗片葉清晰可見。

接下來談花形吧。雙姝的花形其實挺多的，但是最經典、最深入人心的花形，無疑是那優雅的長杯形了。百合花和鬱金香的花兒都是三花瓣三花萼的構造，也可以叫六花被（花瓣與花萼統稱花被），內圈三瓣是花瓣，外圈三瓣是花萼，三花瓣與三花萼的大小、顏色、形態其實完全一樣，但是花萼之外，再無花萼，所以外圈的三瓣就充作花萼了，不過正是由於「再無花萼」的雜色，雙姝的花兒看起來非常清爽。

百合花和鬱金香的花兒雖像，也都很優雅、漂亮、迷人，但是她們的氣質卻大相逕庭，百合花純潔素雅，有如花中的聖女，鬱金香絢爛奪目，宛如花界的魔女，雙姝算是各有千秋吧。

下面，簡單談談百合。為什麼百合要叫「百合」呢？因為她的鱗莖，一片片鱗片葉子抱合成一個小球，頗有百年好合、百事合意的彩頭，如此中國人就給她取了這樣一個吉祥如意的芳名。中國人歷來對百合花是青睞有加的，尤其是婚禮時更是必不可少，「百年好合」嘛，另外，男士們在求婚的時候，婚戒配上百合應該會非常吉利、討喜吧。

再來看看百合詩。南朝梁宣帝蕭詧有百合詩云：「接葉有多種，開花無異色。含露或低垂，從風時偃仰。」這一首詩，由百合花的葉子寫到花色，由花色寫到花的秀姿，「從風時偃仰」，宛如一位清秀佳人，正在輕盈漫步，這種自然清麗的文字，和百合是不是很稱？

李文《百合》詩云：「籬外嬌顏三兩枝，潔白如玉笑相依。百年好合夢雖遠，任憑人間雨淒淒。」雨中的百合花依然溫婉美麗，令人心怡和鼓舞，看來失意的人兒，不妨蒔養一些芳草，她們會撫慰你的心靈。

英國詩人威廉・布萊克（William Blake）亦有名篇《百合花》（*The Lily*）：The modest Rose puts forth a thorn, The humble

Sheep a threatening horn, While the lily white shall in love delight, Nor a thorn nor a threat stain her beauty bright.大意就是：謙遜的玫瑰生尖刺，謙卑的綿羊有尖角，唯有白百合徜徉在愛河，無刺無角方不減其明豔。這首詩，大概是在講一種對於愛情的態度吧，有角有刺的人挺好的，但是在愛情中，或許應該收斂起你的角和刺，敞開心扉、悅納對方、有如百合，或許這樣才更容易得到真愛吧。

《聖經・雅歌》有云：「我是沙崙的玫瑰花，是谷中的百合花。……良人屬我，我也屬他，他在百合花中牧放。……他的兩腮如香花畦，如香草台，他的嘴唇像百合花，且滴下沒藥汁。」有時置身百合中，有時化身為百合，愛情芳草兩相宜，長得君王帶笑看，所羅門王的文字，給人的感覺真好。

中國人將百合視為「雲裳仙子」，西方人也不遑多讓，由於百合花高雅聖潔，尤其是天主教將白百合視為聖母瑪利亞的象徵，天主教的中心，教皇之國梵蒂岡，亦將百合花設立為國花。其實百合花與天主教的淵源頗深，《馬太福音》中耶穌的「登山寶訓」就講到，「何必為衣裳憂慮呢？你想野地裡的百合花怎麼長起來，他也不勞苦，也不紡線。然而我告訴你們，就是所羅門極榮華的時候，他所穿戴的，還不如這花一朵呢。」由此看來，耶穌十分欣賞百合花的美麗，覺得她的自然美，還要勝過所羅門的金縷衣。當然這話裡有深意，耶穌或許是在告誡我們，不要因為物欲的橫流而憂心忡忡，上帝眷顧萬物，祂也總會眷顧到你的，保持內心的美善和喜樂、勤勉做事就好。

百合花多是觀賞用的，但是，她還可以用於美食呢。美食的部位，正是她的鱗莖。百合的鱗莖內富含澱粉，滋味和土豆有點兒像。還有一種乾製法，就是將百合鱗莖內的鱗片葉一片片剝下來、曬乾，這樣就製得了百合乾，用百合乾煮粥是最好的，甘中微苦，

潤肺安神，多咳、失眠的人尤其應該吃一點。

養貓的人小心了，你們不能養百合。因為百合花對貓兒有毒性，尤其是那聖潔的白百合，貓兒只要舔食一點點兒，甚或僅僅是同處一室，貓兒都有生命危險。所以養百合的人也要小心了，你們不能養貓的。百合，是貓兒的冤家。

那麼，百合就談到這裡吧，接下來，再來談談鬱金香。

鬱金香在歐洲被稱為「魔幻花」，她的確有一種魔幻的魅力，只要你看到她一眼，她那種奪目的、不可方物的明豔便會深深烙印在你心裡，歐人對她如癡如狂，尤其是荷蘭人與土耳其人，他們都將鬱金香立為國花。鬱金香與百合花花兒相似，然百合以素雅取勝，鬱金香則是以驚豔吸睛。

但是鬱金香的魔力也是有歷史原因的。鬱金香發祥於天山山脈，這麼說和中國人蠻有緣的，奧斯曼土耳其帝國崛起之時，土耳其人發現了鬱金香並對她一見鍾情深深著迷，於是就開始了大規模地蒔種和改良，後來又經商人之手，鬱金香流入西方並到處引起賞花的風潮，其中尤以荷蘭為甚。好幾個世紀以來，西方的園藝家都十分熱衷於鬱金香的改良，時至今日呢，鬱金香已經有了二千多個品種了，你有你的絢麗奪目，我有我的明豔動人，的確是千嬌百媚、蔚為大觀，令人目不暇給、心儀而流連。

荷蘭人極其喜愛鬱金香，以致鬱金香不但成了他們的國花，還成了荷蘭的代稱，好比一場足球賽，你若說鬱金香迎戰三頭獅子，我們就知道，這是荷蘭對英格蘭。荷蘭人癡迷鬱金香，有情還是有回報的，風光點綴得更加秀麗自不待言，現今鬱金香也成了荷蘭一項巨大的產業，荷蘭產的鬱金香切花和鱗莖那都是蜚聲天下的，每年回饋給這個低地小國極豐厚的收益，這也算是人與自然的一種和諧雙贏吧。

可是，雖然今天荷蘭人和鬱金香處得和和美美的，歷史上，荷蘭人卻因為鬱金香發生過一幕悲劇——「鬱金香狂熱」。鬱金香狂熱是人類歷史上的第一次泡沫經濟事件，大家可以類比一下今天社會上有時發生的「股市泡沫」、「房市泡沫」等來理解，就是人們將商品的價格炒得太高，炒得遠遠超過其實際價值幾倍、幾十倍甚至幾百倍，那虛高的部分就是泡沫了，泡沫由於沒有實體的支撐，終將破滅，當它破滅的時候，就是許多人發財夢碎的日子，他們由於支付了那虛高的價格又沒有人接盤而破產。

「鬱金香狂熱」正是如此。事情是這樣的，十七世紀初期，荷蘭因為國家取得獨立和勤儉精明的國民性，已然發達為富甲天下的超級強權，荷蘭人越來越有錢了，但是他們素以勤儉持家為美德，僅憑穿衣打扮你都區別不了窮人和富人，他們並不熱衷消費，尤其是奢侈品的消費，於是他們多餘的錢就拿來投資，或者說投機。當時有什麼比較好的投資管道呢？不是房市，不是股市，而是花市——鬱金香的花市。彼時荷蘭的鬱金香方才由土耳其引入，荷蘭舉國都為這「魔幻之花」如癡如醉，人人皆欲得一株而後快。可惜的是，鬱金香繁殖太慢了，要想舉國人手一株，短期內還真是做不到。

鬱金香的繁殖可以從種子或鱗莖開始。若從種子開始，需要三到七年才能開花，這樣時間雖長，卻可以雜交產生新種。若用鱗莖，當年就可開花，而且鱗莖培養可以產生兩三個子球，子球分開又可以長成母球，這個方法繁殖要快一點，但由於是無性繁殖，不能得到新種的。另外，在當時，受技術條件的限制，不發芽的

種子和鱗莖那可比比皆是，所以那時，鬱金香在荷蘭的花市嚴重供不應求。可當時正是荷蘭人與鬱金香的蜜月期，鬱金香的市價自然一路水漲船高，花癡們高漲的熱情和鬱金香的行情很快又吸引來蜂擁而至的投機者的關注，如此滾動雪球一般，真花癡假花癡們越來越多，大家終於同心協力將鬱金香的價格炒到了天上。英國歷史家麥克・戴許（Mike Dash）在其名作《鬱金香狂熱》（*Tulipomania*）中記載，「1636年，一株價值三千荷蘭盾的鬱金香，可以交換八頭肥豬、四頭肥牛、兩噸奶油、一千磅乳酪、一個銀盃、一套好衣服、一張帶床墊的床，還要加上一艘木船。」大家注意了，是把這麼多東西加起來，才能換一株優質的鬱金香，這個購買力若是放到今天呢，大概可以在阿姆斯特丹買一套房子，或者兌換成三十萬美元。

　　「鬱金香狂熱」持續了三年，到1636年的冬天，鬱金香的價格終於飛到了雲端，有一些母球每天就要換手十多次，每換一次手就加一次價，圖利一幫人，但是「花無百日紅，人無千日好」，1937年2月，鬱金香的泡沫終於開始破裂了，那虛高的天價根本找不到買家了，沒有人接盤了。其實真正有誠意的買家是那群真花癡們，但是優質的母球他們買不起了，廉價的母球他們又看不上眼，所以只好忍痛割愛了。投機分子呢，面對全線飄紅的高價，他們也喪失信心了。於是倏地，鬱金香花市雪崩，不可一世的「皇上」、「元帥」、「總督」等名種，價格竟然暴跌至波峰時的百分之一。於是高價買進鬱金香（甚至是不惜傾家蕩產貸款買進）的最後一群人，他們澈底破產了。好了，這就是「鬱金香狂熱」的故事，投機的浪潮中，幾多人物欲橫流，幾多人一夜暴富，幾多人深陷泥淖。

　　法國文豪大仲馬有一本書叫《黑色鬱金香》（*La Tulipe Noire*），講述的正是荷蘭「鬱金香狂熱」期間的一段不離不棄的

愛情故事，中間又交織了人性的貪婪、嫉妒、珍愛、同情等情愫和事情的碰撞，大家有興趣不妨自己去看看，這裡就不要劇透了。但是，什麼是「黑色鬱金香」呢？

「黑色鬱金香」是一種稀世的珍品，大仲馬在他的書中這樣讚歎，「明豔令你睜不開眼，俊美令你透不過氣」，在書中，荷蘭花市公開徵求黑色鬱金香並設有十萬金幣的獎金，包括男主角在內的許多人都在尋找培育黑色鬱金香的方法。那麼，在現實世界中，黑色鬱金香真的存在嗎？的確存在，好比荷蘭的名品「黑皇后」、「黑寡婦」、「絕代佳人」等，不過她們都不是純黑的（純黑的花兒易受陽光灼傷又不招蟲子喜歡所以自然條件根本育不出來），她們都是黑紫色，第一眼看上去是黑亮黑亮的，黑珍珠一般，細看就會發現黑中帶紫，可饒是如此，皇后、寡婦、佳人等，也的確是風姿綽約、豔麗非凡，無愧是珍品。

其實不光法國的文豪寫鬱金香，我們中國的才女張愛玲也寫過一篇小說《鬱金香》呢，不過她的「鬱金香」講得並不是鬱金香這種花兒，而是一個美麗的憂鬱的女孩子金香，鬱鬱的金香，也是鬱金香，大家若有興趣也可以去看看吧。這裡做一個簡單的比較研究，大仲馬和張愛玲的《鬱金香》都是愛情故事，但是大仲馬是浪漫主義，讓你體驗到浪漫的愛情，張愛玲卻是現實主義，令你感受到現實的冰冷，各有各的好處，各有各的風采，大家對比著看看吧，或許會有獨到的見解。

古詩中也有寫到鬱金香，比如李白的《客中行》，「蘭陵美酒鬱金香，玉碗盛來琥珀光。但使主人能醉客，不知何處是他鄉。」但是大家注意了，這裡的「鬱金香」並不是今天百合科的鬱金香，而是薑科的「鬱金」，鬱金是一種香草，浸到酒裡面，會令酒色變成金黃色，酒味兒變得更香醇可口，這就是「玉碗盛來琥珀光」

了。看來李白非常享受客居蘭陵的生活，只要有美酒相伴，老子就樂不思蜀了，真是一位瀟灑的酒仙。

五代後蜀後主孟昶的寵妃花蕊夫人是一位著名的才女，她的《宮詞》有云：「安排諸院接行廊，外檻周回十里強。青錦地衣紅繡毯，盡鋪龍腦鬱金香。」這首詩自然是在描寫皇宮的奢華，一入皇宮深如海，繞個圈兒得有十多里，裡面院子走廊什麼的又布局精巧複雜，地上鋪了許多青地毯紅地毯，還要撒上龍腦和鬱金香（這得花掉多少民脂民膏啊）。這裡的鬱金香仍然是指鬱金，鬱金和龍腦都可以作香料的。

其實，今天的鬱金香也有一個古名，叫做「鬱香」。所以，大家可要看仔細了，古人的鬱金香今天叫鬱金，今天的鬱金香古人叫鬱香。

那麼，百合花與鬱金香，就寫到這兒了，你會分辨了嗎？

波羅波羅蜜

　　波羅波羅蜜，名字很雷同，滋味也彷彿，但若觀其果，但若觀其株，一個在天上，一個在人間，真的差很多。

　　何以叫「一個在天上，一個在人間」呢？因為波羅蜜是木本植物，桑科，株高10～20米；而波羅是草本植物，鳳梨科，株高僅有區區的1～1.5米。想想看，波羅蜜的果實高高吊在天上，波羅的果實低低生在人間，這不正是「天上人間」嗎？

　　現代的中國人應該對波羅比較熟悉，對波羅蜜比較生疏。但其實，波羅蜜才是率先「入主中原」的那一個。波羅蜜原產於印度、東南亞一帶，在隋唐之時就已傳入中國，它的原名是「頻那挲」，這個是它梵文名的音譯，到了宋代才改為「波羅蜜」。「波羅蜜」也是梵文音譯，「波羅」指「彼岸」，「蜜」指「度」，合起來就是「彼岸度」──由「苦難的輪迴」度到「清涼的彼岸」，這樣就修成正果、涅槃成佛啦。大家有沒有讀過《心經》？《心經》的全稱是《摩訶般若波羅密多心經》，「摩訶」是「大」，般若（bōrě）是「聖智」，「波羅蜜多」就是「波羅蜜」，也就是「彼岸度」，所以《心經》的意思，就是可以令凡人之心超凡入聖，端的非常神妙。那麼「波羅蜜」果呢，大概宋朝人對它寄予了美好的願景，希望它也可以普渡眾生吧。

　　波羅蜜的英文名叫Jackfruit，Fruit是水果，Jack是什麼呢？Jack是許多英語文學中的「狡獪英雄」，比如Jack and the Beanstalk（傑克與魔豆）、Jack the Giant Killer（傑克－巨人之剋星），故事中的Jack不擅長力拼但善於智取，總是可以以小博大

以弱勝強，贏得財富或美人，從此過上幸福的生活。

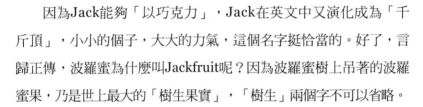

撲克牌中有J、Q、K、Joker，Joker是小丑，K是國王，Q是王后，那麼J是什麼呢？J正是Jack——「狡獪英雄」啊，他們是護衛王家的武士，放到中國那就是「御前侍衛」或者「錦衣衛」了。

因為Jack能夠「以巧克力」，Jack在英文中又演化成為「千斤頂」，小小的個子，大大的力氣，這個名字挺恰當的。好了，言歸正傳，波羅蜜為什麼叫Jackfruit呢？因為波羅蜜樹上吊著的波羅蜜果，乃是世上最大的「樹生果實」，「樹生」兩個字不可以省略。

世上最大的果實是南瓜，目前有記錄在案的「南瓜大王」體重800公斤，重如一頭肥牛，厲害吧。可南瓜乃是蔓生植物，小南瓜可以懸吊空中，大南瓜則非垂到地上依偎著大地母親不可。波羅蜜就不一樣了，它從小到大都是吊在空中的。波羅蜜果是長橢圓形，最大的可以長到40公斤，直徑達1米，那個大小簡直就像個轎車輪，所以它是最大的「樹生果實」。

大家想，波羅蜜靠著一條細梗兒懸吊在高空，千鈞而一髮，這個跟千斤頂Jack的巧力是不是很像呢？所以它的英文Jackfruit還是蠻傳神蠻貼切的。

有一種熱帶水果，它和波羅蜜長得神似：外形如金錘，表皮生瘤子，中有佳果肉，肉裡藏種子。果肉甜蜜蜜，種子炒如栗。果肉排列如石榴，一顆一顆掰著吃。它是什麼水果呢？它的名字叫榴槤。

不過兩者也很好分的，可以看大小、表皮、氣味、味道、種子。

大小上，波羅蜜比較大，大波羅蜜有一個轎車輪大，大榴槤則只有足球那麼大。表皮，榴槤表皮的瘤子上長滿了尖尖的刺頭兒，張牙舞爪盛氣凌人的，而波羅蜜到底是「普渡眾生」的大氣果，它的瘤子圓圓的慈眉善目的，不會傷到小朋友。

氣味上，波羅蜜是香香的，榴槤則是臭臭的，不過喜歡榴槤的人卻對這臭味情有獨鍾甘之如飴。

味道，波羅蜜有點像是香蕉和波羅打成漿混成的果蓉，蠻香甜可口的。榴槤呢，則彷彿乳酪和洋蔥混成的泥。初嘗榴槤，往往會留下可怕的回憶，因為那個氣味又臭，味道又衝，可你要是咬緊牙關多嘗幾次，我的天哪，真的是苦盡甘來、甘之若飴、越吃越愛。所以品嘗榴槤，不妨多給它幾次機會。

最後是種子。波羅蜜的種子大，猶如鵝卵石，榴槤的種子小，猶如杏仁。它們的味道卻是相似的，炒熟都是栗子味。

波羅蜜是南亞和東南亞常用的烹飪食材，它的嫩果和老果都可以作菜，和南瓜蠻像的。嫩果要煮熟了吃，有雞肉的美味。老果可以生吃，可以做蛋糕，還可以烘乾製果脯，這果脯蠻好吃的，酸酸甜甜蜜蜜的，不明就裡的人還以為是波羅乾抹蜜糖呢！

波羅蜜是桑科波羅蜜屬的植物，波羅蜜屬裡面有四十多種植物，其中有意思的除了波羅蜜以外，還有一種麵包樹。麵包樹和波羅蜜長得挺像的，都是熱帶高大的喬木，都結那種橢圓形的果子，果子都吊在樹上，但要區別它們也蠻簡單的，看外形，它們的主要區別在葉子和果子的大小。

波羅蜜是果子大葉子小，麵包樹則是果子小葉子大。前面講過，波羅蜜果是世界上最大的樹生果實，最大的有如轎車之輪，而麵包樹的果子呢，直徑只有10〜20釐米，最大也就是一個足球大小，小的就是一個波羅包大小。至於葉子呢，波羅蜜葉長7〜15釐米，也就是一個成年男人的手掌那麼大，而麵包樹的葉子竟然長達30〜40釐米，大約就是一個成年男人的小臂長吧。另外，波羅蜜葉和麵包樹葉的葉形也不一樣，波羅蜜葉是全緣的，就是邊緣很平滑、無鋸齒，宛如一隻手指收攏的手掌，或者說天線寶寶的手掌，但青幼年的麵包樹葉是深裂的，宛如一隻手指張開的手掌，但是麵包樹越長越大了，它的葉子也可能會慢慢長成全緣。

麵包樹的英文是Breadfruit（麵包水果），它之所以叫麵包樹、叫Breadfruit，自然是因為它的果實猶如麵包了。麵包樹那足球形的果子（麵包果）裡富含澱粉，其最簡單的做法就是切片烘烤，烤好了就如麵包片一樣，還蠻好吃的，雖然沒有濃郁的香甜，但就是這種平淡純樸的味道，才可以做得主食。

事實上，麵包果是許多熱帶國家的主食，譬如太平洋南部的島國薩摩亞。薩摩亞的農產品主要有椰子、可可、麵包果、香蕉，大家看，椰子、香蕉是水果，可可是做巧克力的，哪一個可以做主食？那就只有麵包果了。一棵麵包樹一年可以結果約二百粒，這個產量可是相當可觀了。我們可以這樣粗略地計算一下，假若一個人一天吃七顆麵包果（這個份量應該綽綽有餘了吧），那麼一棵麵包樹恰好可以供養他一個月，那麼一年呢，他只需要十二棵麵包樹。大樹的壽命是很長的，至少比人長得多，所以十二棵麵包樹，就足

以供養一個人一生。可惜它只生在熱帶，要不時時困擾人類社會的糧食危機，也不會那麼嚴重了吧。

所以薩摩亞人還真的是得天獨厚，有人調侃道，一個薩摩亞人只需要花一個小時，種上十二棵麵包樹，便完成了他對下一代的責任。別忘了薩摩亞是個島國，他們除了吃麵包果、吃香蕉、飲椰子汁、飲可可水，他們還有取之不盡的海魚，可能是因為營養好、衣食無憂的原因吧，薩摩亞人的身體素質十分強壯。同樣是亞洲人，一般的亞洲人都長得瘦胳膊瘦腿的，薩摩亞人（男人）卻一個個兒膀大腰圓虎背熊腰的，都是著名摔角明星和影星巨石·強森那種體形，塊頭不一定那麼大，但是體形都是那種岩石男。事實上，巨石·強森正是薩摩亞人和非洲人的混血兒，在網上搜到的薩摩亞老兄的圖片，幾乎都是巨石的翻版。在網上搜到的薩摩亞女郎的圖片，卻又頗有楚楚動人的異域風情，他們是不是真的普遍的這樣「少年壯如山、少女美如水」呢？有機會能去看看多好。薩摩亞，一個叫人神往的島國。

其實，這個世界除了有麵包樹，還有猴麵包樹。猴麵包樹當然不是麵包樹，麵包樹是桑科波羅蜜屬的，猴麵包樹則是木棉科猴麵包樹屬的。麵包樹原產於亞洲，猴麵包樹則原產於非洲，不過現在它們的產地有重合了，因為很多熱帶的地方兩者都有引種，譬如臺灣和廣東，但是由於它們的名稱太相似了，好多人會把它們搞混，其實，要區別它們挺容易的，可以看樹形、看葉子。

先看樹形，兩者都是十米以上的高大喬木，但是，麵包樹是長挑身材，它的樹幹只是普通的粗，猴麵包樹呢，則是粗壯身材，那樹幹竟然可以長到十多米粗！那個樹形啊，簡直就像一個大酒桶。葉子呢，麵包樹是單片的大葉子，像一片大羽毛，但是猴麵包樹的葉子，則是五片小葉組成的複葉，這五片小葉是分開的、獨立的，

可沒有共用一個「手掌」。猴麵包樹的果子和麵包果挺像的，都是那種橢球形的吊在枝條上的樹生果實，大小也差不多。猴麵包樹的英文名之一就叫Monkey-Bread Tree，自然是因為猴子喜歡吃其果子的原故。

猴麵包果據說蠻好吃的，因為含有豐富的維C，它會呈酸酸甜甜的味道，我也沒有嘗過，甚至見都沒有見過，估計和柳橙的味道有點類似吧，有機會真該親身親口體驗一下。好了，絮絮叨叨地把波羅蜜、麵包樹、猴麵包樹聊完了，下面，再來聊波羅吧。

波羅原產於美洲，哥倫布發現美洲的時候，順便也發現了波羅，他將波羅帶回到歐洲種植，明朝時又傳到中國的廣東，後來，波羅兄弟到處開枝散葉，現在幾乎已散布到熱帶的每一個角落了。

波羅其實只是俗名，「鳳梨」才是它的學名，鳳梨的確要比波羅有畫面感和好理解多了。為什麼叫「鳳梨」呢？大家想一想它的

形態，可不要只想可以吃的果實，在那果實的頂端，其實還有一束「冠芽」——長在頭頂的芽，大家在市場上買波羅的時候，那冠芽一般早都削掉了的，所以你可能沒什麼印象。

但是，波羅果的頂端，就是有這麼一束冠芽，長得還挺像鳳尾的，再配上下方的波羅頭，就有點「有鳳來儀」的樣子了，所以波羅最初傳入廣東的時候，廣東人就叫它「鳳來」，粵語裡面「鳳來」讀音如「鳳梨」，大家一想，這「鳳來」本來和梨子一樣是水果，然後又和梨子一樣甘甜多汁，和梨子挺像的，所以乾脆就叫鳳梨了。鳳梨的英文是Pineapple（松樹蘋果），因為鳳梨的外形有點像松果——當然是一個巨大的松果，而鳳梨肉的質感又有點像蘋果。

鳳梨是一種吉祥的水果，無論是在東方還是在西方。在東方，「鳳梨」的粵語發音很有點像「旺來」——「興旺立來」——這多好啊，誰家不想興旺啊？另外，「有鳳來儀」有多麼吉利啊，中國人做事講究個彩頭，鳳梨恰恰是這種頗有彩頭的水果，再加上它美味又營養，難怪中國人喜愛啊！在西方社會呢，鳳梨則意味著主人家的「歡迎光臨」，意味著「you are welcome」，這樣的你，一定挺有魅力的。

波羅怎麼個吃法呢？當然是生吃了。不過吃前很麻煩的，波羅皮不是一般的堅韌，皮上又有一顆一顆紮得很深的釘，削皮去釘，要用專門的波羅刀，看那些刀法嫻熟的波羅小販們削波羅，簡直就是一門精巧的技藝，實在挺佩服他們的。不過臺灣波羅的品種可好了，它們的皮也好削，釘也淺，削起來簡直就跟削蘿蔔一樣爽快。波羅削好、切好以後呢，大家可不要慌不擇食，應該把波羅切片放到淡鹽水裡面浸一會兒。為什麼呢？因為波羅果肉裡有一種波羅蛋白酶，蛋白酶，是可以消化蛋白質的，所以你要吃多了，小心消化

道皮子的蛋白質都給消化了，當然一般沒有這麼嚴重的，但是口腔裡的那種酥麻感是免不了的。

不過雖然波羅蛋白酶有這樣的不爽，它卻可以用於醃肉，用波羅蛋白酶醃過的肉會「嫩化」，因為酶已經將這肉初步水解一部分了。事實上，市面上有專門的嫩肉粉，這個嫩肉粉裡面最重要的原料就是波羅蛋白酶或木瓜蛋白酶，兩種都是蛋白酶，嫩肉的原理一樣的。

波羅冷藏後食用，風味會更佳。潮汕人還發明了新吃法——波羅蘸醬油，這種吃法你可能連想都不敢想、想了會覺得心裡難受，可是僕親口試吃了一回，滋味兒還挺優的，大家若有興趣，也不妨一試。其實波羅也可以熟食的，有一種做法，就是將波羅切成小片、和肉片醃在一塊兒，波羅片就會將肉片嫩化，醃好了之後呢，將波羅和肉片一起烹煮，或者是清炒，粵菜裡的「咕嚕肉」就是按這個思路做成的，還蠻清甜可口的，肉香和果香混到一起，肉味兒和果味兒混到一起，一點兒都不犯衝，反而很和諧、很爽口，大家在家裡做菜的時候，也不妨一試，尤其小朋友會喜歡吧。

好了，波羅波羅蜜，那就到此為止吧。

槲與槲寄生

　　槲（hú），殼斗科櫟屬的高大喬木。槲寄生，常綠小灌木，檀香科槲寄生屬。槲寄生奇樹也！非一般的灌木，乃是可以凌空寄生在槲身上的灌木！

　　先簡介一下槲。槲位於櫟屬，什麼是櫟屬？櫟屬其實大家再熟悉不過了，該屬有600多個種，它們統稱為櫟樹，又名柞樹、橡樹。談到橡樹大家總該明白了吧，它的果實——橡子乃是「朝三暮四」的猴子的最愛，而它的葉子——橡樹葉（柞樹葉）乃是柞蠶的最愛，可以養蠶的。

　　那麼槲寄生呢？且聽我娓娓道來。槲寄生其實不單可以寄生在槲身上，它可以寄生在櫟屬、蘋果屬、楊屬、松屬的各種樹木上，神通廣大，擾亂眾生。不過，相較於菟絲子等天生妖孽，槲寄生對宿主的危害可以減半，因為它是半寄生的，一半兒的養分由它的綠葉生成，另一半兒養分由宿主那兒敲骨吸髓。

　　槲寄生的形態有點像個鳥巢，尤其是當它寄生在落葉樹上，到了秋冬之時，那個「鳥巢」就再明顯不過了，乾枯的宿主枝條會襯得黃綠色的槲寄生無處遁形，導致「槲寄生之心，路人皆知」。

槲寄生是憑什麼凌空寄生的呢？因為它的根可以一頭紮到宿主的莖裡，牢牢地固定住，迫使宿主結成牢不可破的聯盟，當然宿主是不情不願的，但是面對槲寄生的死乞白賴，宿主只有乖乖就範的份兒。

不過還好槲寄生體形纖巧，高大的宿主完全可以承受。槲寄生身長30～100釐米，它的莖由下到上有叉狀的分枝，它的葉子是倒披針形的，對生在枝端。早春，槲寄生會開出淡黃色小花兒。秋天，槲寄生則會結出或白或黃的漿果，內含一顆種子。這漿果的果肉黏糊糊的，黏到什麼程度呢？黏到令鳥兒心煩。

鳥兒喜歡吃槲寄生的漿果，不過吃完了果肉，種子會黏到鳥喙上，怎麼甩都甩不掉，鳥兒急得發瘋，牠就會在樹枝上刮呀擦呀，直到把那黏死人的種子刮到枝條上。小鳥可沒想到，牠已經為槲寄生播下了希望的種子到宿主樹上啦！

這種刮刮擦擦的憤怒鳥以黑頭鶯為代表。還有一種鳥叫槲鶇（dōng），牠的個頭和嗓門兒比黑頭鶯大多了，牠也喜歡吃槲寄生漿果，可是，槲鶇吃漿果是囫圇一口吞不吐子兒的，牠並不能消化果肉裡的種子，種子在槲鶇體內觀光一周，隨鳥糞排出來，運氣好的話，正好黏在樹枝上，這樣槲鶇也幫槲寄生播了種。

大家看，大自然就是這麼奇妙！

不過大家可要小心了，鳥兒可以隨便吃槲寄生的漿果，不代表人也可以隨便吃。事實上，槲寄生的果子和葉子含有對人體致命的毒素，如果大家採到結了果的槲寄生，千萬不要亂吃，也

千萬不要亂放——尤其不要讓小孩子夠得著！

西人過聖誕有許多有趣的節目，其中之一就是妝飾聖誕樹。聖誕樹的頂端要立一顆星星或一個天使，以下則密密麻麻地綴有彩燈、彩帶、氣球等，在英語國家，常常還要掛上槲寄生。為什麼要懸掛槲寄生呢？

這個是源自羅馬的傳統，羅馬人認為槲寄生象徵著和平，「槲寄生下泯恩仇」，就算是兩個仇人在槲寄生下巧遇，他們也得捐棄前嫌握手言和。不過這個傳統慢慢嬗變了，變到現在槲寄生就由和平枝變成了情侶枝：月上聖誕樹梢頭，人約槲寄生巢下，柔情蜜意香甜吻，此愛綿綿纏一生。

甚至，有些地方的聖誕習俗是，你可以守在槲寄生下任意索吻，而被索的對方是不可以拒絕的！——居然有這等好事，真叫人心嚮往之！

不過，槲寄生與親吻的交織纏綿，也可能來自北歐神話。神話是這樣講的：

天父奧丁獨眼龍，天后愛神芙麗嘉，生了一對孿生子，光明善神巴德爾，黑暗惡神霍德爾。明神一日作噩夢，夢見自己慘遭戮。天后惶恐失愛子，勒令天下發誓詞，無論生靈與武器，不得傷害光明神。

上窮碧落下黃泉，唯獨輕看槲寄生，嬌嬌柔柔槲寄生，怎能傷我大明神？天后冰心小釋懷，懇請眾神驗誓言。千百神器斬明神，雷神之錘永恆槍。刀槍不入大明神，氣定神閒鐵布衫。天后見了眉花笑，不想激起邪神妒。邪神洛基奧丁弟，平生最愛惡作劇。眼見明神風光好，眉頭一皺耍詭計。

邪神化為女兒容，娉娉拜訪天后宮。花言巧語吐蓮花，趨奉天后套近乎。天后不慎吐真言，槲寄生兒未盟誓。美女洋洋得意

去，便是興風作浪時。采切一枝槲寄生，挑唆盲眼黑暗神，「黑暗大神我愛侄兒，你朝那兒射一箭，那兒有個大妖怪，唯有你能降伏他。」

邪神攙扶黑暗神，瞄準明神施暗箭。琴弦一錚鳥悲鳴，槲寄生兒挾恨飛。綿軟細枝若倚天，例不虛發明神心。雪白長袍飛紅濺，飛紅更襯袍子白。

明神身死日無光，世界變成黑窟窿。天后曉知淚濟然，機關算盡終無奈。天神企劃扭乾坤，遣使黃泉求冥娘。冥娘赫爾洛基女，猙獰恐怖亡靈主。聽說要救大明神，得意洋洋開條件：若能有生與無生，皆為明神掉眼淚，老娘就令他復活！

眾神約定傳四方，請君共救大明神。天下萬物愛明光，淚水紛紛化朝露。只有一個女巨人，人說她是洛基變。巨女住在地底下，揚言她無需光明。女人不哭無奈何，明神只好做亡靈。天神震怒查真相，東窗事發見洛基。洛基奧丁我義弟，何以兩番害我兒？

眾神會審議他罪，議得終身坐囚牢。手銬腳鐐赤裸身，邪神受縛受磨折。頭頂毒蛇吐毒液，一滴一滴無絕期。邪神賢妻西格恩，不離不棄愛夫君。夫君罪愆不可赦，唯以銀盆接蛇滴。

須臾蛇液滿銀盆，愛妻只好倒掉它。白駒過隙一秒鐘，毒液滴到洛基臉。蛇毒酸蝕不可敵，邪神慘叫痛難忍。淒厲哭泣巨身顫，招致人間動地震。慘慘戚戚黑煉獄，直到諸神之黃昏。

好了，這就是此節神話的大致梗概。順便說一句，北歐神話的結尾，「諸神之黃昏」頗為波瀾壯闊，「黃昏」者，日暮途窮是也，就是說連諸神都走到了末路。事情是這樣的，洛基的三個妖怪兒女：巨狼芬裡厄、大蛇耶夢加得、冥娘赫爾（媽媽都是女巨人，也不知道是怎麼生的）要造天界的反。他們都是實力強悍的大妖怪，他們救了他們的爸爸洛基，裹挾著一大幫中妖怪小妖怪巨人向

天宮發動進攻，最後大家拼了個同歸於盡，天父奧丁、雷神索爾、邪神洛基、妖怪兒女什麼的全都戰死了，最後僅存的只有奧丁的兩個兒子、索爾的兩個兒子，還有兩個人（當然不是亞當和夏娃），他們重建了新世界。

印歐文化同源，這個「諸神之黃昏」，倒是很像我們中國人很熟悉的印度人的輪迴觀。

可是，這些東西和槲寄生，和親吻有什麼關係嘛？槲寄生明明是殺害光明神的武器，怎麼又成了愛神的信物呢？是這樣的，前面所講的是北歐神話的諸多版本中的一個，那麼還有一些版本是這樣講的，天后芙麗嘉求爺爺告奶奶又把光明神巴德爾治好了，治好了以後她就很感激很開心啊，包括槲寄生她也不恨了，因為槲寄生畢竟只是執於人手的武器嘛，它和黑暗神都是武器，洛基才是真正的兇手，何況是天后的輕視才造成了那一幕慘劇，所以，天后決定再也不要輕視槲寄生了，她要重看槲寄生，她發誓，無論誰站到槲寄生下，她都要給那人一個親吻。芙麗嘉是愛神，愛神如此，凡人當然要有樣學樣了。

所以，在槲寄生下親吻，雙雙可以得到愛神的祝福，美妙的愛情地久天長。

好了，槲寄生是愛情枝，可是，它還是辟邪枝呢。西方人常常將槲寄生吊在房內或門口，相信這樣就可以驅除厄運、保佑家人。這就好比中國的桃木，中國人將桃木劍、桃符掛在門口辟邪驅鬼。如此看來，中西文化，很有異曲同工之妙嘛！

網路才子蔡智恆寫過一部愛情小說《槲寄生》，看官請注意，他用的是「槲」（xiè）不是「槲」（hú），他是不是用錯了呢？依我來看，「槲寄生」更專業更準確，但是「槲寄生」也可以接受。這是為什麼呢？你不是在為才子諱吧。

非也非也。前文講過，「槲」是櫟樹類，那這個「檞」是什麼呢？「檞」是古書上所講的一種松心木，松樹類。檞寄生呢，前文也講過，它不但寄生在檞身上，還能寄生在其他櫟屬、蘋果屬、白楊屬、松屬的身上。所以啊，寄生在檞身上的是名副其實的檞寄生；寄生在其他櫟屬身上的，非正式自然點可叫它「櫟寄生」；寄生在蘋果屬的，可以叫它「蘋果寄生」；寄生在楊屬的，可叫它「楊寄生」；寄生在松屬的，可叫它「松寄生」或者「檞寄生」了。當然，學術上還是該叫它約定俗成的「槲寄生」為宜。

　　大家再想想，聖誕樹不就是用的松樹或樅樹嗎？它們都是松屬的，那麼聖誕樹上掛的槲寄生，當然可以叫「松寄生」、「檞寄生」了。

　　其實對於這兩個寄生，蔡才子也有自己的一番分曉，他說，「槲寄生槲寄生，胡寄生？又何必要寄生呢？檞寄生檞寄生，謝寄生？懂得感謝被寄生的植物，應該是對的吧。」到底是才子，這個解釋蠻詩意的。

　　接下來，再介紹一下槲寄生的親戚六眷吧。槲寄生位列檀香目。檀香目中大多都是半寄生的植物，一半的養分自己光合，一半的養分取自宿主。檀香木中比較知名的有桑寄生和檀香。

　　桑寄生和槲寄生長得蠻像的，兩者的區別，最明顯的就是宿主不同了，槲寄生的宿主是櫟屬、蘋果屬、白楊屬、松屬，桑寄生的宿主則是桑樹、槐樹、桃樹、李樹、荔枝、龍眼等。

　　至於檀香呢，它是一種常綠的小喬木，高度4米到9米。看它高高大大的，可也是一種半寄生植物，不過它是不能像槲寄生桑寄生那樣凌空寄生的，它寄生的方法是根寄生，就是將根上的小吸根紮到別種植物的根裡，暗爽地吮吮。不過，檀香雖然擅長這種吸星

夾竹桃

　　夾竹桃是個啥東西？竹、桃、夾竹中的桃？嘻嘻都不是，伊非竹，非桃，更非「夾竹中的桃」，只是有像「夾竹中的桃」，伊枝如竹枝，伊花如桃花，所以芳名「夾竹桃」。

　　夾竹桃屬於夾竹桃科，身長2～6米，葉子輪生（幾片葉子排成一圈），長11～15釐米，寬2～2.5釐米，葉形為披針形，彷彿竹葉與柳葉，所以「夾竹桃」也叫「柳葉桃」。

　　伊的花期4月到9月，花兒成束生枝端，構成聚傘花序（花兒排列成傘狀）。花兒分五瓣，氣味多香甜，直徑2～2.5釐米。花色可能是白色、粉紅色或黃色。

　　伊的果期在春天和冬天，果兒是狹長的膠囊形，長5～23釐米，直徑約2釐米。果兒成熟時會爆裂釋放許多絨絨的種子，這個場面啊，天女在散花。

　　夾竹桃是植物界的大美女，位列名花的仙班，可是大家曉不曉得，這個大美女卻是個不折不扣的蛇蠍美人！

　　夾竹桃是世上最毒的植物之一，她的枝、葉、花、果都含有劇毒，尤以樹液最毒！她的一片葉子就能讓嬰兒喪命，一百克就能毒死一匹駿馬！夾竹桃的乾樹枝也不可掉以輕心，如果當柴火，那彌漫出的煙霧也是要命的！大家看，瞭解基本的植物學是多麼重要！

　　夾竹桃裡所含的「大毒梟」是「夾竹桃苷」，夾竹桃苷是一種強心苷，對心臟同時有正面和負面的影響，因為它，常人會月光光心慌慌，心臟病人卻會強心。

　　夾竹桃可不是彩票，一不小心就會中標。美國在2002年發生

了847宗記錄在案的夾竹桃中毒事件，印度則時有吃夾竹桃自殺的個案，香港曾有人用夾竹桃枝拌粥而致死，臺灣則有人用夾竹桃枝當筷子而中毒。所以，大家在生活中要留個心眼，陌生的植物不要亂吃，也不要亂用。

夾竹桃雖是個天生妖孽，不過還好她沒有做絕，她的毒果兒是狹長的膠囊形，一點不像誘人的桃子，對小朋友沒什麼吸引力。可是，她的「姊姊」——黃花夾竹桃，可就太過分了。

黃花夾竹桃也屬夾竹桃科，外形比夾竹桃高大，花兒自然是黃色的，一身都是毒。她的果兒可不得了，長得像桃子，端的是個誘人的魔女，不可以不小心哦。

好了，夾竹桃與黃花夾竹桃是危險的魔女，可她們卻偏偏常常被栽種到路邊和庭園，這是為什麼呢？

一來雖然是魔女，可她們是迷人的美魔女，花枝招展，令人流連。

二來她們可以潔淨空氣，吸納二氧化硫，所以只要處置得宜，魔女也能變天使！

桔梗非橘梗

桔梗非橘梗，奇了怪了，桔子不就是橘子嗎？桔子梗不就是橘子梗嗎？的確是這樣，桔子就是橘子，桔子梗就是橘子梗，就是掛住橘子的小梗。可是，桔梗可不是桔子梗，也不是橘子梗，那麼她是什麼東西呢？

桔梗不念「菊梗」，桔梗應該念「結梗」，她是一種清雅的小花，隸屬於桔梗科桔梗屬。為什麼叫「桔梗」呢？李時珍說：「此草之根結實而梗直，故名。」她的根有點像人參，所以桔梗就是「結梗」。

可是為什麼要這樣奇奇怪怪地命名呢？桔梗很容易錯念成「橘梗」，這不是叫人出洋相，居心不良嗎？你要這樣想就委屈了她啦，「桔」字的本義就是「桔梗」，本就念作「結」，後來卻不知怎麼搞的就變成「橘」字的俗字。對我們現代人而言呢，桔子見得多，桔梗見得少，慢慢慢慢，大家就只認桔子，不識桔梗了。所以對「桔」字來說，桔子代替了桔梗，真是有點兒鳩占鵲巢啊。

桔梗是一種多年生草本，株高半米到一米，花徑約有五釐米，花色藍紫或藍白，她的雅名是「花中處士」、「藍色妖姬」。處士是什麼？處士就是有才能的隱士，南陽諸葛亮是也。大家看，桔梗仙子又是處士又是妖姬的，真是有一種低調的華麗，錐處囊中，埋沒不了的，所以桔梗花在民俗文化中非常有名的。

桔梗花十分漂亮：花兒五裂兮，正看

成星側成鈴。藍色妖姬兮，白色處士山野居。雄蕊五枝兮，中心柱頭分五裂。七到九月兮，桔梗佳卉怒放時。

桔梗花又叫「僧帽花」，又叫「鈴鐺花」。這是因為含苞未放的桔梗花很像一頂和尚帽，不是唐僧戴的那種很高貴的「蓮花冠」，而是悟空和八戒戴的那種很普通的和尚帽，而盛開的桔梗花呢，像極了鈴鐺。

桔梗花的英文叫Bell Flower（鈴鐺花），或Balloon Flower（氣球花）。Bell Flower好說，鈴鐺花。可為什麼又叫氣球花呢？因為桔梗花兒含苞欲放之時，我們中國人看她像一頂和尚帽，西方人看她卻聯想到一個吹脹的氣球，氣球吹破之日，方是花兒怒放之時。

桔梗的根是「結實而梗直」的，這根也是很有料的，它可以作為藥材和食材。入藥的話，它有祛痰、鎮痛、清熱的妙用，食用的話，則可製成泡菜和鹹菜。大家看，桔梗好看又好用，她還真是色藝雙全呢！

桔梗的花語是什麼？桔梗的花語是「永恆的愛」。所以啊，桔梗花適合送給情人，無論是濃情蜜意的時候，還是繾綣決絕的時候，都可以送的，前一種表示說我對你的愛天長地久，後一種表示說我放手了，但我仍會默默地愛你。

驀然想到《長恨歌》：「天長地久有時盡，此恨綿綿無絕期」，唐明皇若要回贈給太真仙子一束花，桔梗應該挺合適吧。

驀然又想到日本的桔梗將軍——明智光秀。為什麼叫桔梗將軍呢？因為明智家以桔梗為家紋。這個明智光秀何許人也？他是日本戰國時代（彼時中國是明朝）的一代名將，彼時的日本亂成一鍋粥，什麼今川義元、武田信玄、上杉謙信、毛利元就等等等等，日本四島上就有幾十個諸侯，或者叫領主，或者叫軍閥。

這些軍閥，誰也不服誰，一個個都牛皮哄哄的要做天下霸主，就好像齊桓晉文曹操王莽那樣，挾天子以令諸侯，號令天下莫敢不從。可是霸主要有稱霸的實力，當時的日本，沒有一個軍閥有這種削平天下的實力，哪一個想出頭，立馬就被槍打出頭鳥。

戰國的亂世僵局直到信長公的橫空出世才被打破，信長公，織田信長也。信長本是統御半個尾張（半個日本縣）的小軍閥，可這位猛將實在是雷霆萬鈞銳不可當，三十年崢嶸歲月，竟然吞沒半個日本，眼看日本就要天下一統。

可惜半路殺出個程咬金，這個日本程咬金不是別人，正是明智光秀。明智光秀本是信長公麾下的得力大將，織田「五天王之一」，另外四個「天王」是：柴田勝家、丹羽長秀、瀧川一益、羽柴秀吉，這個羽柴秀吉不得了，他就是日後統一日本、名噪一時的平民太閣豐臣秀吉，他也是光秀的剋星。

好了，日本程咬金是怎麼表演的呢？1582年6月21日，織田信長夜宿京都本能寺，他只帶了一百多親兵，明智光秀卻突然斜刺裡殺來，他帶了一萬多人，由於不敢明目張膽謀反，他含糊其辭地對他的士兵咆哮道：「敵在本能寺！」於是那一萬多人都稀裡糊塗跟他造反了。一萬多人打一百多人，那一百多人有什麼指望呢？

信長號稱「第六天魔王」，可是他不是真正的魔王，面對光秀的優勢兵力他也是束手無策，猛力抵抗過後，信長公悍然切腹，他的親信縱火焚寺，一代霸主灰飛煙滅。這個事件，就是日本歷史上極為有名的「本能寺之變」。

信長死了，桔梗將軍光秀就起來了，壓在頭頂上的陰霾一掃而空，現在終於可以制霸天下了。於是，桔梗將軍拼命四處活動，合縱盟友，連橫朝廷，一時間也是聲勢驚人，可惜啊，既生瑜何生亮，深陷毛利軍團戰爭泥淖的羽柴秀吉，竟然神速議和回師，並且

糾集了一大幫同盟軍前來討伐光秀了。

「本能寺之變」僅僅十一天後，桔梗將軍與羽柴秀吉決戰於京都天王山，結果桔梗將軍武運不濟兵敗身死，天下遂入秀吉之手。縱觀這一段歷史，桔梗將軍雖是配角，但他這配角也精彩得很，他的節外生枝橫插一杠，攪得日本天翻地覆，攪得歷史跌宕起伏。豐臣秀吉雖是為主君報仇，暗地裡恐怕還得感謝光秀呢，因為光秀倘若不反，秀吉頂多做個老二，光秀一反，可把秀吉反成老大了。所以呢，如果說日本戰國是日本人的一個大舞臺，那麼豐臣秀吉可以算是最佳男主角，桔梗將軍呢，則可以做陪襯秀吉的最佳男配角。不共戴天的仇敵卻往往是一時之選的最佳搭檔，歷史就是這麼諷刺。

日本完了，再來談談韓國，韓國和桔梗也很有緣的，韓國有一首最有名的民謠就叫《桔梗謠》（Doraji），「桔梗」的韓文發音為「朵那姬」——正好牽強成「一朵那樣美麗的藍色妖姬」，歌詞大意是這樣的：「桔梗喲，桔梗喲，桔梗喲，白白的桔梗漫山遍野，只要挖出一兩顆，就可裝滿小籃子，哎嘿哎嘿喲，哎嘿哎嘿喲，哎嘿喲，你呀叫我多難過，長的地方太難挖。」

這首歌還蠻好聽的，曲調優美，節奏鏗鏘，歌詞也蠻樸實有趣的，為什麼要挖桔梗呢？挖的是桔梗的根，韓人拿回家做泡菜的。

韓國完了，還可以談談德國呢。可是桔梗跟德國能夠扯上什麼關係呢？其實還真有一點兒淵源。德國的《格林童話》裡有一個名篇叫〈長髮姑娘〉，又譯成〈萵苣姑娘〉，其德文的原文是Rapunzel，淵源就在Rapunzel這兒。德文的Rapunzel，可以譯成萵苣，但是也可譯成風鈴草。

風鈴草是什麼東西？風鈴草隸屬桔梗科風鈴草屬，她和桔梗同科不同屬，這就是所謂的「一點兒淵源」。風鈴草，顧名思義，花兒如風鈴，桔梗不也是這樣的嗎，桔梗還叫鈴鐺花呢，她們本來就

是同科的姐妹，這麼相像倒也不足為奇。好吧，介紹一下〈長髮姑娘〉的故事。

很久很久以前，一對恩愛小夫妻，住在巫婆花園旁，巫婆花園起高牆，種了許多風鈴草。一天妻子懷孕了，她對丈夫訴衷腸，「好想吃那風鈴草，那個根兒多甜美。」孕婦的話不可違，重身找她要養分。夫君無可奈何下，偷香竊玉風鈴草。今日偷了複明日，明日偷了複明日。可巧撞破老妖婆，倒楣哀求乞討饒。

狡獪巫婆心中惱，眉頭一皺毒計生。老身慈悲不告官，也不對你施魔法，但要安然過這關，誕下孩兒歸老娘。彈指一揮嬰兒墜，天生麗質小美女。幻影移行老妖婆，驀然現身討嬰孩。無可奈何花落去，飛入鄰園巫婆家，巫婆賜名風鈴草（Rapunzel），視如己出養大了。

風鈴美女初長成，國色天香容顏俏，一頭金色瑰麗髮，打出娘胎未曾剪，金髮委地嫌不夠，綿延拖曳如婚紗。

巫婆愛她如珍寶，可惜走火入了魔，鎖在深閨人未識，豆蔻年華十二歲，遷於森林尖頂塔。寶塔上下無樓梯，束之高閣小公主。巫婆如何臨高塔？「長髮姑娘施長髮，老娘要爬金梯子。」寂寞姑娘空寂寞，日日望穿綠林色。茶餘飯後無聊賴，徒以歌聲遣悲懷。上帝不負伊人願，王子縱馬長驅馳，馳入林中聆仙音。

仙音飄渺韻柔美，王子深愛不思蜀，循音策馬見高塔，塔中天女美如玉。王子欲上寶塔來，公主羞嬌不願應，遍尋四處無天梯，逗留黃昏不忍去，最是倉皇辭廟日，明日還來會佳期。

蒼天不負有心人，王子窺見老巫婆，巫婆喚女女垂髮，吊上巫婆教王子。呆若木雞守高塔，待到巫婆佝僂去。王子有樣學一樣，尖著嗓門忍著笑，「長髮姑娘施長髮，老娘要爬金梯子。」飛流直下金瀑布，王子猿身上高閣。公主驀然見王子，一則懼兮一則喜。

看那王子慈眉目，俊美非凡好言語，王子公主悅相見，一見鍾情情愫燃，情話綿綿嬉戲度，東日一瞬變西日，玉女王子不忍別，無可奈何勞燕飛。王子天天會玉女，偷雞摸狗不厭煩，不厭煩兮憐公主，塔中高閣如囚徒。王子誓將公主救，好事未成變亂生，珠胎暗結閣樓中，純真公主問巫婆，「衣服越來越緊了？」

金剛怒目老虔婆，一把剪掉金流雲，流放公主僻荒野，金絲雀兒始自由。王子懵懂未知情，夜幕仙閣喚打鈴（Darling）。巫婆詭計賺王子，萬條垂下金絲線。請君入甕昏王子，不見仙女見老怪，老怪念叨黑魔法，王子情急狗跳牆，可恨荊棘棻雙目，昔日金枝玉葉子，俊眼昏黑忿流浪。

滄海月明珠有淚，玉女王子多辛酸。王子乞討苟度日，玉女誕下龍鳳兒。嬌女自顧且不暇，勉力哺育雙兒女。老天看不下去了，勒令愛神牽紅線。公主河邊汲水時，哀愁不已吐歌聲。歌聲清越而婉轉，好風吹到王子耳。盲眼王子細細聽，莫非苦命風鈴兒？

河水瀲灩草青青，公子麗人重相會。纏綿繾綣魚兒笑，情難自禁涕泗流。麗人珠淚浸王子，王子受浸眼復甦。黑影朦朧變清爽，雲開月明夢裡人。

巫婆蒙主恩寵去，王子公主回王家。牽著一對麒麟兒，從此幸福快樂了。

好了，這個就是長髮姑娘的故事。那麼，桔梗就談到這裡吧，下面談橘子。

橘子屬於芸香科柑橘屬，這個屬裡還有柚子、橙子、柑子、檸檬等。這些水果呢，按照大小排列就是：柚橙柑橘檸。柑和橘不好分，而且好多地方柑橘不分，但是嚴格講來，橘紅而皮薄，柑黃而皮厚。

《晏子春秋》裡有「南橘北枳」的寓言，楚王拿齊國籍的囚犯來調侃齊人多麼多麼邪惡，齊使晏嬰機智回應，「嬰聞之，橘生

淮南則為橘，生於淮北則為枳，葉徒相似，其實味不同。所以然者何？水土異也。今民生長於齊不盜，入楚則盜，得無楚之水土使民善盜耶？」就是說，我齊人在齊國都是正人君子，可是一到楚國就偷雞摸狗，是因為貴國的水土不好令人墮落吧。結果楚王被嗆了個大花臉。

可是，古人其實錯了，橘和枳不同種的，它們都在芸香科，但橘是柑橘屬的，枳是枳屬的，凡間生靈不是孫悟空，不可以東變西變的，譬如「種瓜得瓜，種豆得豆」，瓜不可以變成豆，豆也不可以變成瓜。所以，橘生淮南它是橘，生於淮北不為枳。

可是，枳究竟是什麼東西呢？枳又叫臭橘、枸橘（不是枸杞），它長得很像橘，但是果實又小又難吃，所以人多喜橘而惡枳，不過枳也有它的好處，可以藥用的，像胃脘脹痛、小腸疝氣什麼的都用得到它。

柑橘屬裡還有兩種水果挺有意思的，一種是葡萄柚，一種是香櫞（yuán）。葡萄柚在西方非常受寵，它的果實扁球形，直徑10～15釐米，彷彿大橙子小柚子，它的味道是酸酸甜甜苦苦香香的，別有一番風情。為什麼叫葡萄柚？因為它的果實是數十隻桼堆生在一塊兒的，看上去不就是一串大葡萄？

至於香櫞呢，說香櫞大家可能陌生，但說到佛手柑大家就久仰大名了對不對？佛手柑是香櫞的變種，不過這變種變化有點兒大，香櫞果是卵形的，像個大檸檬，其實檸檬就是香櫞和酸橙雜交育成的，佛手柑則果如其名，像一雙大慈大悲的佛手，不過這佛手不一定是十個指頭，它也像一掛香蕉，不過香蕉排列齊整，佛手柑卻是佛指靈動的。

香櫞是猶太人過「住棚節」所必備的四妙木之一，四妙木是：香櫞果、椰棗葉、香桃木枝、柳枝。「住棚節」是為了紀念上帝率

領猶太人出埃及後，因為猶太人不聽上帝的話而被罰在曠野中流浪四十年，彼時他們住在棚屋裡，由上帝供應嗎哪和鵪鶉給他們吃。所以住棚節，就是猶太人的憶苦思甜啊。

接下來還要談一談橙子，橙子源於柚子和橘子的雜交，看官請注意，生物本是不易變的，像前面所說的橘和枳，橘直接變成枳，這個是難行的，除非是慢慢漫長的進化才有一點微乎其微的可能，不會是橘子移栽到淮北馬上就變成枳。但是雜交就厲害了，植物雜交往往可以產生新種，橙子就是這樣的新種。

其實柑橘屬裡好多種都是東雜交西雜交得來的，像香櫞酸橙得檸檬，橘橙雜交生柑子，柚子甜橙生葡萄柚，所以柑橘屬的開山老祖啊，只有這三家：香櫞、橘子、柚子，三家姻緣不斷生生不息，就誕下無數龍子龍孫。

橙子分為甜橙子和酸橙子，討喜的當然是甜橙子，但其實酸橙子是原生種，甜橙子是慢慢變異出來的，它們還是一個種。橙子裡的頭牌是「臍橙」，它長了個肚臍眼兒，其實內裡是個附庸小果。臍橙也叫柳橙，有人說，柳橙本寫作「紐橙」，因為那肚臍眼兒也像一個紐扣，想想的確是這樣的。

好了，最後還是回到橘子上來吧。橘子還有什麼好談的呢？那就是屈原先生的千古絕唱——《橘頌》啦。原文如下，神妙齊賞：「后皇嘉樹，橘徠服兮。受命不遷，生南國兮。深固難徙，更壹志兮。綠葉素榮（白花），紛其可喜兮。曾（增）枝剡（銳）棘，圓果摶兮。青黃雜糅（葉青橘黃），文章爛兮（顏色絢爛）。精色內白，類任道（有道）兮。紛縕（茂盛）宜修，姱（美）而不醜兮。嗟爾幼志，有以異兮。獨立不遷，豈不可喜兮？深固難徙，廓其無求兮。蘇世獨立，橫而不流兮。閉心自慎，終不失過兮。秉德無私，參天地兮。願歲並謝，與長友兮。淑離（淑麗）不淫，

梗其有理兮。年歲雖少，可師長兮。行比伯夷，置以為像（偶像）兮。」

大家看，原來我們常常吃到的橘子這麼高潔呢，《聖經・箴言》中有這樣一個金句，「你要保守你心，勝過保守一切，因為一切的果效，是由心發出」，對觀《橘頌》中的橘子，不正是這樣的可愛嗎？

不由想到英國的鄉土傳教士約翰・奔揚（John Bunyan），小可覺得，他倒挺像這樣的一個橘子人。

他是十七世紀英國的一位補鍋匠傳教士，他只是一位鄉土的、不被英國國教（聖公會，強調教會的中央集權）承認的、沒受過幾天正規教育的傳教士，他一生由於堅持傳他這個流派（浸洗會，強調教會的地方自治）的道而坐牢兩次，其間隔時間甚短，前後羈縻囚牢十二年。

可就是這樣一位無照的鄉土教士，他的大作《天路歷程》（*The Pilgrim's Progress from This World to That Which Is to Come*）卻成為世上最有名的基督教寓言書，根據一些資料，《天路歷程》是僅次於《聖經》的世界印刷量第二多的文學書（注意是文學書，教科書、語錄、漫畫不在其內）。其內容之深入淺出、其故事之精巧雋永、其影響力之巨，均是出類拔萃。

約翰・奔揚少年時調皮搗蛋、惡名昭著，長大了深恐自己死後下地獄，於是選擇從軍，希圖以保護國家人民來洗刷自己的罪惡。時逢英國內戰，克倫威爾率領議會軍對壘查理一世的國王軍，約翰・奔揚加入了議會軍，後來議會獲勝，英國共和（不過克倫威爾死後，共和很快破滅，查理二世復辟），約翰・奔揚成家立業、娶妻生子，可是他的人生仍感空虛、恐懼，遂在牧師和書的指引下，開始傳道和寫作。後傳道不輟，書寫不輟，即令深陷囹圄亦百折不

回。他的人生，正如《天路歷程》中的朝聖者，兼具信望愛的美德，克服了欲望和誘惑，終於找到他的天城。

　　約翰對於美善的堅持，是不是很令人感佩呢？

蘆和荻

　　蘆和荻，這是兩種曼妙修長的禾本科的植物，她們常常相偎相依著生在水邊，彷彿湘君和湘夫人，一起眷掛著水中的生靈。她們倆的外形頗有相似之處，尤其是她們的花兒，都是圓錐形的花序，是由許多或白或紫的小花兒組成的。到了秋天，蘆花和荻花都會盛開，那雪白色或絳紫色的花穗子，實在有一種莫名的淒美。

　　「蒹葭蒼蒼，白露為霜，所謂伊人，在水一方。溯洄從之，道阻且長，溯游從之，宛在水中央……」，這一首《蒹葭》，有沒有打動過你的心扉呢？可是「蒹葭」是什麼呢？蒹葭就是蘆葦，蕭殺的秋，白色的蘆花，白色的霜，映襯著那可望而不可即的伊人，我是往上游走也過不了河，往下游走也到不了她身邊，有的時候愛情還真的是很無奈。王國維說，「一切景語皆情語」，這裡的蘆花和白霜就很好地陪襯出男主角的夢碎的心境。

　　白居易的《琵琶行》唱到，「潯陽江頭夜送客，楓葉荻花秋瑟瑟」，這一幕情景也的確是蠻蕭瑟的，離別，江頭，紅楓葉，白荻花或紫荻花，開篇的畫面就定下了淒美的調子。由此可見，蘆花和荻花，都激蕩著一種悲秋的色彩，你只要在秋天眼瞅見她們，恐怕就不由得你不做個多愁善感的林黛玉，至少，也是個貌離神合的林黛玉。

　　好了，蘆花和荻花很相似。那麼，蘆和荻怎麼區別呢？其實也蠻容易的，她們的高度、莖稈、葉子都很不一樣。

　　先看高度，蘆葦高達二到六米，荻則只有一到二點五米，她們都挺修長的，但蘆葦更加高挑。

其次看莖稈，蘆葦的莖稈是空心的，但荻莖卻是實心的，不過她們都富含纖維素，都是造紙的好材料。

最後看葉子，蘆葦葉是互生葉序，就是由下到上左一片右一片萌生出來的，荻葉不是互生葉序，她所有的葉子都是從荻莖的基部抽出來的，這是一種簇生葉序，大蒜和大蔥就是這個樣子的形態，當然，荻小姐要比蔥蒜修長和美麗得多了。

那麼，這就是蘆、荻的主要的區別了，下面再談談蘆荻的文化意蘊吧。

《詩經·河廣》有云：「誰謂河廣？一葦杭（航）之。誰謂宋遠？跂（企）予望之。誰謂河廣？曾（竟）不容刀（舟）。誰謂宋遠？曾不崇朝（終朝）。」這首詩是什麼意思呢？它表達了一個旅居衛國的宋國人的思鄉情懷，宋衛之間隔著一條廣闊的大河，宋國人回鄉很不方便，可是他偏偏不服氣，「誰說這河水很廣啊？我用

一枝蘆葦就可以渡過去！」如此看來，這一枝蘆葦，寄託著他的濃濃的鄉情。不由得想到杜甫的《秋興》，「叢菊兩開他日淚，孤舟一繫故園心」，杜甫的鄉情，也寄託在孤舟的身上，這裡背井離鄉的兩個人，還真的是心有靈犀啊。

　　大家一定覺得「一葦杭之」有點吹牛，可是還真有人這樣幹過，這個人就是達摩老祖。故事是這樣的，達摩老祖本是印度人，他之所以風塵僕僕東來中國是為了弘揚佛法，他到中國的第一站是廣州，後來他聽說梁武帝蕭衍篤信佛教，他便北上梁都建康和梁武帝面談。可惜兩人的佛教理念有很大的分歧，他們話不投機，梁武帝覺得達摩胡說八道，達摩覺得梁武帝是一塊頑石，於是達摩就不願待在南朝了，他踩著一束蘆葦就渡過了長江（到底是武林宗師啊），這就是歷史上有名的達摩祖師爺的「一葦渡江」。達摩來到北朝的嵩山少林寺，在此開創了東土禪宗和武術的基業。

　　《聖經》中的摩西，猶太人的先祖，也與蘆葦頗有淵源，因為蘆葦救了他的命。故事是這樣的，猶太人的第三代先祖雅各生了十二個兒子，其中一個兒子約瑟受到其他兄弟的嫉妒被他們賣到了埃及，可是約瑟偏偏很成器，他在埃及居然慢慢做到了法老之下、萬人之上的宰相。後來雅各一家的居留地發生了饑荒，他們聽說埃及有糧，雅各就打發他的兒子們到埃及糴糧，好巧不巧，他們和約瑟相遇了，約瑟捐棄了前嫌原諒了他的哥哥們，他還將雅各的一大家子迎到了埃及，他們就在埃及定居了，雅各的後代，就是以色列人，雅各的十二個兒子（包括約瑟）的後代，就是以色列的十二支派。

　　後來以色列人在埃及地發展壯大，那聲勢竟然慢慢超過了埃及人，後來的埃及法老就很擔心，於是他們就想方設法迫害以色列人，他們最狠毒的一招，就是下令以色列的男孩只要一出生，就要

被丟到河裡。摩西就誕生於那個時代。

摩西誕生以後，他的父母將他東藏西藏藏了三個月，後來再也藏不住了，大概埃及人監視得很嚴密後果很嚴重吧，摩西的父母只好將他放到一個蒲草箱子裡，再把箱子擱在河邊的蘆葦叢中（注意摩西就是在這裡和蘆葦有緣），這樣箱子就不會被水流沖走，摩西的姐姐遠遠地看著箱子。後來，非常幸運的，埃及的公主到河邊來沐浴，她挺善良的，她看到了摩西就要收養摩西。摩西的姐姐很機靈，她見機就走上前去對公主說：「我去猶太婦人中叫一個奶媽來，為你奶這孩子，可以不可以？」公主就答應了。於是姐姐就叫了摩西的母親過來，公主讓她做了摩西的奶媽。後來摩西慢慢長大了，他就跟著公主，在皇宮裡面生活。

好了，這就是摩西和蘆葦的一段淵源，當然這段淵源裡，還有蒲草、姐姐、母親、尤其是公主都起了重要的作用，大家一起救了摩西。那麼後來呢，摩西弄清楚了自己的身世，他看到自己民族的以色列人的悲慘命運，就不願意再做埃及的王子，後來他犯了事流亡米甸時在何烈山受到上帝的召喚，於是幾經輾轉歷經千辛萬苦，最後終於將以色列人帶出了埃及，帶到上帝應許的迦南美地。《聖經》次卷的〈出埃及記〉，講述的就是這一段奇幻而又驚心動魄的故事。

法國哲學家布萊茲‧帕斯卡寫有一本名作《思想錄》，其中有這樣一句名言：「人是一支會思想的蘆葦。」這句話實在是很有深意的，因為人和蘆葦一樣脆弱，有可能一口氣、一滴水都能致他於死地，但是，人雖脆弱，人並不因他的脆弱而卑賤，人的價值、人的高貴在於他有獨立的思想，宇宙由於空間吞沒了人，人卻因思想而囊括了宇宙。不由想到陳寅恪寫給王國維的墓誌銘，「先生之著述，或有時而不章。先生之學說，或有時而可商。惟此獨立之精

神，自由之思想，曆千萬祀，與天壤而同久，共三光而永光。」芸芸凡夫俗子，自然只能仰視先賢，但是自由的思想啊，每一個草民都應該具備吧。

自由思想的人，他才有靈魂，自由思想的民族，他們才有希望。

關於蘆葦，還有一篇有趣的希臘神話。

有一天，牧神潘（Pan，他有人的軀幹和頭顱，羊的腿角和耳朵，摩羯座的摩羯就是指他）和阿波羅比試琴藝，弗裡吉亞（在今天的土耳其）的國王米達斯做裁判，兩位大神演奏完畢，米達斯判定牧神潘獲勝，可是不想阿波羅惱羞成怒，他忿忿然將米達斯的耳朵變成了驢耳朵，因為他覺得米達斯根本就是不懂音樂。長了驢耳朵的米達斯王羞愧萬分，他整天都戴著一頂長帽子以掩飾他的驢耳朵，可是千防萬防防不了理髮師，因為國王也要理髮啊。於是米達斯命令理髮師：「絕對不可洩露我的祕密，否則我定要砍掉你的腦袋！」理髮師當然不敢不答應，他也不敢揭國王的密。

可是這個世界上有一種人啊，你要他在心裡藏一個祕密他還真藏不住，他會心癢難耐，他會蠢蠢欲動，理髮師每天忍啊忍啊，後來他實在忍不住了，但是他又怕掉腦袋，怎麼辦呢？他找到一個折衷的辦法，他在河邊挖了一個洞，對著洞口輕聲傾訴：「國王長了對驢耳朵！國王長了對驢耳朵！……」

理髮師不知講了多少遍，反正他的躁動的內心舒坦了，他小心將洞口填平，然後舒舒服服回家去了。可是，人算不如天算，也許是阿波羅搗鬼吧，那個洞長出了一支蘆葦，那蘆葦可奇怪了，只要風兒一吹，蘆葦就唱到：「國王長了對驢耳朵！國王長了對驢耳朵！……」這下米達斯王悲劇了，理髮師估計也要悲劇了。

法國的《拉封丹寓言》裡有一篇〈橡樹與蘆葦〉也挺有意思的，內容如下：河邊長著橡樹與蘆葦。橡樹在蘆葦的面前很得意，

因為他強壯，他高大，他結實，於是他老是對著蘆葦吹牛，說他多麼多麼偉大，蘆葦多麼多麼可憐。可是蘆葦謝絕了他的「憐憫」，他們聲稱「吾躬能屈，風吹不折」（錢鍾書譯）。話音剛落，風暴襲來，高大的橡樹傲然獨立，成片的蘆葦風雨飄搖。可是最後，橡樹被連根拔起，蘆葦卻得以倖存。這個故事或許是在告訴我們，逆境之中要剛柔並濟、能屈能伸。不過我想，它或許也是在告誡我們，有同情心是好的，給別人說暖洋洋的話也是好的，但不要輕易地說我同情你。

紅樓夢中的大觀園，裡面有一處小園子叫「蘆雪庵」，庵前掛著一塊匾，寫著元妃的玉字「荻蘆夜雪」，大家看，又是蘆雪又是荻蘆夜雪的，這個小園子裡一定種了很多蘆和荻，一到秋天，雪白的蘆花和荻花盛開，那個景色光想想也一定挺美的。不過由此可見，蘆和荻的確是相伴相隨的。

紅樓裡面有很精彩的兩幕發生在蘆雪庵，一幕是第四十九回的「脂粉香娃割腥啖膻」，史湘雲帶著大家在庵裡面烤鹿肉，自詡「是真名士自風流」。還有一幕是第五十回的「蘆雪庵爭聯即景詩」，公子佳人，蘆雪庵中雅愛聯句，這一份風雅倒是和「荻蘆夜雪」很相稱。

有一種美味的食材叫「蘆筍」，這蘆筍是蘆葦的筍苗嗎？其實不是的，蘆筍指的是「石刁柏」（一種天門冬科的小灌木）的筍苗，因為它長得很像蘆葦筍。蘆筍富有各種營養，是一種健康的美食。但是這健康的美食，卻有一種奇怪的效應，那就是──「蘆筍尿」，吃完蘆筍以後啊，在一段時間內，尿會其臊無比。不過大家若是聞到這非同尋常的臊味也不要緊張，不要以為身體出了什麼問題，這個是蘆筍在人體內的正常代謝。蘆筍的英文是Asparagus，蘆筍尿則是Asparapee，Pee就是小便，這個英文詞倒

一花一世界

046

也挺有意思的。

　　前面講過，蘆和荻不一樣，但是，還真有一種植物叫「蘆荻」呢。蘆荻既不是蘆，也不是荻，它是蘆荻，也叫蘆竹，它的英文名叫Giant Reed（巨人蘆葦），顧名思義，它長得像巨型的蘆葦。它巨到什麼程度呢？和蘆葦比較一下，蘆葦一般可以長到三米，但是蘆荻可以長到六到十米，蘆葦可以長到一釐米粗（直徑），但是蘆荻可以長到三釐米粗。由此看來，蘆荻真乃不折不扣的「巨人蘆葦」。在哪兒可以看到蘆荻呢？它在南中國有廣泛的分布，大家留心那些濕地裡特別高大粗壯的「蘆葦」就是了。

　　蘆和荻喜歡在濕地裡相偎相依，但是還有一種長得挺像荻的「香蒲」也愛過來做個伴兒。香蒲也叫蒲草，它的葉子長得像荻，就是那種大蒜樣的，從基底抽出來的、修長的葉子，但是它的花兒可就跟蘆花、荻花大相徑庭了。蘆花、荻花是圓錐形的花序，香蒲的花兒呢（四月到九月開），像一支橙黃或橙紅的香腸，就那麼戳在主莖上，也有點兒像蠟燭，所以它俗名「水蠟燭」，美國人看它像貓尾巴，所以叫它「Cattail」。

　　大家如果還是沒有印象，想一想2009年上市的遊戲神作「植物大戰僵屍」，裡面的攔在水裡面作戰的小貓咪，不就是「香蒲」嗎？它的貓尾巴可以發射具有導航能力的利箭，攻擊各種僵屍，這種萌萌的植物，就是香蒲。當然真正的香蒲，是不可能對著僵屍放箭的，猶如真正的豌豆，是不可能瞄著僵屍吐豆的，猶如真正的僵屍，應該是不可能動的。可是，「植物大戰僵屍」真的是做的很細緻，香蒲和豌豆都有一種爆開的效應，香蒲的貓尾巴拿來擼一擼，豌豆莢拿來暴曬，它們都會爆開。但是還好，不會傷人的，但是也不好，在「行屍走肉」的世界，它們可做不了防身的武器。

梅花與蠟梅

　　梅花與蠟梅，她們的名字裡都有個「梅」，她們都在寒冬開放，她們都開俊秀的花兒，可是，梅花屬於「薔薇科」，蠟梅屬於「蠟梅科」，她們倆並不一樣。

　　那麼，她們究竟有什麼區別呢？

　　主要有三點：樹形、果形、花色。

　　第一個樹形，其實她們的樹形還蠻像的，不過梅花是喬木，可以長到十米，蠟梅卻是灌木，成熟了也只能長到三米。

　　第二個果形，梅花的果子就是梅子，梅子是球形，蠟梅果則是紡錘形。大家知道梅子是可以吃的，但是蠟梅果大家就不要吃了，那是有毒的。

　　第三個花色，梅花有白、粉、紅諸色，蠟梅花卻常見為黃色，少見有白色、紅色。而且，蠟梅花是蠟質的，表皮猶如打了一層蜜蠟，梅花的表皮卻是濃妝淡抹，面如傅粉。

　　下面分別談談梅花和蠟梅。先談梅花吧。梅花是中國人特別喜歡的花兒，甚至可能是最喜歡的花兒，不光是因為梅花尤其的優雅聖潔，更是因為她的「傲雪淩霜」的氣質，深合中國先賢的脾性，在中華文化裡，「梅蘭竹菊」合稱「花中四君子」，「松竹梅」並稱「歲寒三友」，上官婉兒又將梅花歸入「十二師」（鏡

花緣），由此可見，中國人有多麼欣賞和青睞梅。

梅花大概象徵著一種堅貞吧，一種對於美善的堅貞，即令世界冰冷，我自含苞怒放，而且，冰雪的世界摧垮不了我，我卻改變了這冰雪的世界，這麼說來，梅花的內心，梅花的實力，真的很強大。不是每個人都可以做傲雪淩霜的梅的，我們凡人需要好好修煉才行。

北宋的林逋是最有趣的愛梅人，他長期隱居於西湖的孤山，不做官也不娶妻，只愛梅花與仙鶴，所以世稱其為「梅妻鶴子」——梅花作妻子，仙鶴作兒子。林逋作有一首《山園小梅》非常有名，現抄錄如下：「眾芳搖落獨暄妍，占盡風情向小園。疏影橫斜水清淺，暗香浮動月黃昏。霜禽欲下先偷眼，粉蝶如知合斷魂。幸有微吟可相狎，不須檀板共金樽。」林逋先生筆下的梅花，可真是搖曳多姿、動靜皆宜、幽香怡人，連鳥兒、蝴蝶都為她傾倒，那麼人呢，不會念詩簡直都不好意思賞梅了。

南宋的「桂冠詩人」陸游也挺喜歡梅花的，這可能與他的身世有關吧。陸游先生出生的次年，北宋發生了「靖康之變」，北方的金國人攻破了宋朝的國都東京城，他們擄走了徽欽二帝和幾乎全部皇族，他們在北中國恣意淩虐，幸好康王（宋高宗）南渡再創南宋，又有岳飛、韓世忠、劉錡、楊沂中、張俊等將星襄助，南宋總算總算在風雨飄搖之中站穩了腳跟，並且延續了一百五十二年的血脈。北南宋的交替期，我們可以想見這應該是一段充滿著血淚、苦難、流離、英雄和悲情的時代。陸游的幼年正是在這樣一段驚濤駭浪中度過，那麼我們也就可以明白為什麼他八十五歲臨終之時還要寫出「王師北定中原日，家祭無忘告乃翁」的詩句。正因為這一段成長史，陸游對金國那是恨之入骨，所以他加入了主戰派。可是正如大家所知，南宋局面稍安之後，宋高宗就不思進取了，他重用了

秦檜，冤殺了岳飛，解除了大將兵權，派人與金國人議和，然後宋金就一直這樣南北對峙了，直到一百多年後蒙古人殺入中原吞滅了幾乎所有的東亞國。

秦檜應該是中國歷史上排名前五的名宰相，可是他有名不是因為他的好，恰恰是因為他的壞，尤其是因為他陷害了大宋的超級將星岳飛，秦檜和他老婆的白鐵像現今還跪在岳王廟裡面。秦檜先生雖是主和派，但對內他也是很嚴厲的。陸游先生是主戰派，因此一生受到秦檜一黨的打壓，南宋一朝，基本上還是主和派占上風的，所以陸游先生的一生，雖有滿腹才華，但是在仕宦上是備受打壓、鬱鬱不得志的，他始終處於一種人生的冬天。可能正是這樣的原因，陸游先生對梅花特別的有感覺，特別的心有戚戚，特別的受勉勵，他一生寫就許多動人的梅花詩詞，其中非常有名的一首詞，叫《卜算子‧詠梅》，您稍微有點文藝，就一定讀過：「驛外斷橋邊，寂寞開無主。已是黃昏獨自愁，更著風和雨。無意苦爭春，一任群芳妒。零落成泥碾作塵，只有香如故。」詞中一句「無意苦爭春，一任群芳妒」，實在有一種絕妙在裡頭，梅花不正是這樣一種絕妙的、驚豔的而又低調的花兒嗎？

紅樓裡也有絕佳的梅花詩，譬如薛寶琴的《詠紅梅花》：「疏是枝條豔是花，春妝兒女競奢華。閒庭曲檻無餘雪（白梅），流水空山有落霞（紅梅）。幽夢冷隨紅袖笛，遊仙香泛絳河（銀河）槎（木筏）。前身定是瑤台種（瑤台的白梅），無複相疑色相差。」這一首詩裡面，冬天賞梅的那一種愜意、畫面的美麗、梅香的怡人、大家的如臨仙境，端的是活靈活現，那樣一番瑰麗而舒適的景色，叫人好生豔羨啊！

孔子說，讀《詩經》可以「多識於鳥獸草木之名」，那麼，裡面怎麼會少得了梅呢？裡面有一首《摽有梅》挺有意思的：「摽

（落）有梅，其實（果實）七兮，求我庶士，迨其吉兮。摽有梅，其實三兮，求我庶士，迨其今兮。摽有梅，頃筐塈之，求我庶士，迨其謂之（等著你開口）。」

大家看這首詩啊，裡面的女主角一天天的渴望著嫁個好人家，她越等越心急，越等越焦慮，真是女大不中留啊。由於這個典故，在中文裡面，「摽梅」就暗喻著「姑娘盼嫁人」，或者是「女孩子到了婚齡，該嫁啦」！

好了，梅花詩談得夠多了，下面談談梅花與生活吧。中國人的生活，或者說東方人的生活，與梅花還真的蠻有淵源的。冬天，東方人都喜歡賞梅，「琉璃世界白雪紅梅」，這可是一年難得幾見的人間仙境，當然，倘若有佳人相伴，倘若有「薛寶琴踏雪尋梅」，那可真是美絕了。

夏天呢，大家可以採梅子，梅子就是梅的果實，球形內有小核，直徑約一到三釐米。梅子開始是青綠色的，叫做「青梅」，熟一點就會慢慢變成黃色、黃綠色、紅色等，因品種而有異。梅子的滋味酸酸甜甜的，還挺好吃的，三國裡面那一段精彩的「青梅煮酒論英雄」，曹操和劉備拿來下酒的，不就是青梅嗎？

提到「青梅」，大家還會想到什麼？是不是「青梅竹馬，兩小無猜」？這一段典故來自李白的《長干行》，「郎騎竹馬來，繞床弄青梅。同居長干里，兩小無嫌猜」，就是小男孩騎著竹馬過來找小女孩玩，他們繞著床兒弄著青梅，他們都住在建康城的長干里，打小就互相不嫌棄不猜疑。唉，總而言之，兩個人哪，小時候互相喜歡著，長大了呢，他們又結為夫妻，情真意切的那種，真的蠻叫人羨慕的，祝他們幸福。由於這個典故，在中文裡面，「青梅竹馬」就成了童年的異性玩伴的隱喻。

梅子除了生吃以外，還可以做成梅乾（話梅）、梅醬、梅酒、

酸梅湯。中國人喜歡一邊聊天一邊吃梅乾，所以稱它為「話梅」，話梅是梅子用糖、鹽、甘草、紫蘇等醃製而成的，味道酸甜，是東方特有的美食。梅醬是用梅子搗成的醬，因為它兼具酸味和甜味，而這酸味和甜味又與醋和糖的風味兒挺不一樣的，用梅醬燒的菜會別有一番風味。

事實上，在上古時代，梅醬是和鹽並列的極重要的調味品，因為鹽鹹梅酸，它們倒是蠻搭的。《尚書‧說命》記載，商王武丁對他起用的「奴隸宰相」──傅說──說：「若作和羹，爾惟鹽梅」，就是說「要燒出一碗和美的肉羹，你就是我的鹽與梅！」後來武丁在傅說的幫助下，果然將商朝帶到了中興，果然將商朝這盤大菜做成了一碗「和和美美的肉羹」。所以在中文裡，別人若說你是「鹽梅」，他可不是詛咒你「倒楣」，他是在誇你是個人才呢！

驀然想到《馬太福音》中耶穌的登山講道，「你們是世上的鹽。鹽若失了味，怎能叫它再鹹呢？以後無用，不過丟在外面，被人踐踏了。」仔細品味這句話，是不是和武丁的話「若作和羹，爾惟鹽梅」意境有點相似呢。武丁講的是正面，鹽梅作了和羹，耶穌講的是反面，鹽若失了味，也就失去了價值。合在一起呢，可不可以說，你不但要努力成為鹽梅，你還要做鹽梅該做的事兒。

好了，箴言對觀就到這裡吧。再簡單談談梅酒和酸梅湯。梅酒當然就是用梅子釀成的酒，它在日本和韓國挺受歡迎的，在中國則比較少見了，這其實就有點可惜了。想當年曹操和劉備「青梅煮酒論英雄」，這個也不行那個也不行，說到最後就他們哥倆才是當世的大英雄，這一份情懷是中國人頗為喜歡和神往的。

雖然阿瞞和大耳飲的不是梅酒，他們只是用青梅來配美酒，但是青梅和美酒的味道溶到舌頭裡面，不就是梅酒的滋味嗎？所以中國應該發展和弘揚一下梅酒，尤其是幾個人在一起相互吐槽的時

候，最適合飲梅酒。不過梅和梅酒都是很高雅的，你們的評論也必須高端大氣上檔次一點兒。

最後是酸梅湯，這是老祖宗傳下來的消暑良品，它是由烏梅（烘焙過的青梅）、桂花、冰糖等製成的，酸酸甜甜又沁人脾肺，的確是夏天裡的好飲料。中國人都挺喜歡喝酸梅湯的，譬如說賈寶玉，尤其是捱了打之後就特別地想要喝酸梅湯，只是花襲人不給他喝，因為她覺得酸梅湯是個收斂的東西，會把捱打時積存的熱毒熱血收斂到心裡，然後激出一身內傷，這或許有一些道理吧，所以大家可記好了，捱了打之後可不要喝酸梅湯，再渴都別喝，花襲人說的。

梅子什麼時候成熟呢？這個問題南方人最清楚，因為每年的六月下旬到七月上旬，南中國（也包括臺灣、日本、韓國）往往一片陰雨連綿、煙雨迷蒙，這一段怪雨人稱「梅雨」，這一段奇特的天氣人稱「黃梅天」，因為這一段時期正是梅子成熟、由青轉黃的時期。不過梅雨也不是必然，有的年份會「空梅」、或「重梅」、或「早梅」、或「晚梅」，天氣就如人的面孔，總是那麼善變。

梅花已經談了不少了，下面，再來聊聊蠟梅吧。蠟梅也叫「臘梅」，也叫「黃梅」。為什麼叫「蠟梅」？因為蠟梅的花朵猶如打了蠟一般，其色光潔厚重，梅花和她相比，就顯得水靈多了。為什麼叫「臘梅」呢？因為是寒冬臘月開的嘛，當然梅花也是寒冬臘月開的。為什麼叫「黃梅」呢？因為蠟梅雖然也有白紅等色，但主要的還是以黃色居多。宋朝有一位佚名人作了一首《浣溪紗·蠟梅》，很精緻地描繪出蠟梅的風采，「梅與為名蠟與容，寒枝遍綴小金鐘，插時只恐鬢邊熔。疑是佳人熏麝月，起來風味入懷濃，暗香依舊月朦朧。」這首詞是不是很絕？「插時只恐鬢邊熔」，真成了蠟花兒了。

蠟梅花亦是花氣襲人的那種，「疑是佳人熏麝月」，佳人配

上麝香，那個香味，真是令人無限神往。所以蠟梅花開的時候，大家不可以不去欣賞的，不但要用你的眼睛欣賞，還要用你的鼻子欣賞，更要用你的心去欣賞、去體味、去遐想。

除了梅花和蠟梅之外，還有許多植物叫梅，或者發音叫「梅」的，譬如楊梅、紅莓、西梅等，這些植物其實都不是真正的梅。先來談楊梅，李白有詩云：「江北荷花開，江南楊梅熟」，楊梅屬於楊梅科（梅花是薔薇科），二月開花五月果熟。大家未必認得楊梅這種植株，但是楊梅子大家一定吃過，它也是那種酸酸甜甜的球形的小果子，但是它和梅子不一樣的是，梅子表面光溜一點兒，楊梅子的表面卻覆蓋了一層小顆粒，有點像受到隕石撞擊的火星表面。楊梅子有紅色、白色、紫色三種，其中以鮮紅色為最佳。

次來談紅莓。俄國人有一首挺好聽的情歌叫《紅莓花兒開》，「田野小河邊，紅莓花兒開，有一位少年，真是我心愛，可是我不能對他表白，滿腹的心裡話兒沒法講出來，滿腹的心裡話兒沒法講出來！……」這首歌直白地勾畫出一位可愛姑娘的思春之情，這種情愫不就是「摽有梅」嗎？

不過，「摽有梅」講的是梅子落下之時，「紅莓花兒開」講的是紅莓花開之時，雖然時間不一樣，時代不一樣，民族不一樣，但是大家渴慕愛的感情是一樣的。紅莓當然不是紅梅，猶如草莓並不是草地上長出的梅子。莓不是梅，莓是「漿果」的意思，比如黑莓、樹莓（覆盆子）、草莓、藍莓等。

紅莓，指的是紅色的覆盆子。覆盆子這個名字特別有意思，因為中醫認為它有滋陰益腎的妙用，你要吃了覆盆子，小便都會極其有力，甚至會沖翻家裡的尿盆。

最後談一談西梅吧。西方其實是梅李不分的，梅和李都屬於薔薇科梅屬，梅屬也叫李屬、櫻屬，這個屬裡面還有桃、櫻桃、杏子等。在英文裡，梅和李都叫Plum，如果一定要分

呢，李子還是叫Plum，梅子可以叫Mei（來自中文）、Ume（來自日文）、Mume（拉丁文）。西方人極少種梅子，所以他們種的Plum一般都是李子。所以這個西梅啊，準確的說是西李（歐洲李），當然這西李和中國李的品種也相差挺大的，有一種異國風情。西梅多製成西梅乾和西梅汁銷售，其營養也挺豐富的，風味兒也挺好的，還有抗衰老駐容顏的妙處，大家有機會可以嘗嘗。

西方人梅李不分，但是中國人呢，分得是挺清楚的，梅李的花期和果形區別很大。梅在冬天開花，李在早春開花。梅子個兒小，直徑只有一到三釐米，李子個兒大，直徑四到七釐米，不過兩者的滋味倒是挺相似的，都是酸酸甜甜。因為它們滋味相似，所以現在市面上的梅乾，不一定是梅子做的，也可能是李子做的。

同在梅屬的桃和李，有一段有趣和影響深遠的典故。故事是這樣的，春秋之末韓趙魏三家瓜分了晉國，其中魏國的開國君主是魏文侯。在三家還未獨立、臣服于晉國統一領導的時候，魏文侯手底下有一個重臣叫子質，有一天子質不知道何故開罪了魏文侯，他狼狽地向北流亡到趙家，托庇于趙家的家主趙簡子。

子質向趙簡子訴苦：「從今往後，我再也不願對別人施以恩惠了。」趙簡子很好奇：「為什麼呢？」子質說：「我所培養的人才，殿堂武士有一半，朝廷大夫有一半，邊境將士有一半。可是如今我身遭大難，殿堂武士因國君而憎惡我，朝廷大夫用法律來恐嚇

我，邊境將士手執兵器要捉拿我，我感到十分寒心啊，所以再也不願施別人以恩惠了。」趙簡子回應說：「您這樣想就錯了。如果春天種的是桃李，夏天就可以在它們的樹下遮蔭，秋日可以享用它們的果實。但如果春天種的是蒺藜，夏天既不能採摘它的葉子，秋天也只能得到它的刺。由此可見，夏秋能得到什麼樣的果實，取決於春天種的是什麼樹。今天看來，您在春天種的樹，不是好樹啊。所以君子培養人才之前，應該精心地選擇吧。」由於這個典故，在中文裡，「桃李」就是指人才，「樹人」就是培養人才，「桃李滿天下」呢，就是說有一位老師培養的人才特別多，以至撒遍了天下。

　　《史記》裡面，司馬遷引諺贊李廣：「桃李不言，下自成蹊」，就是說，李廣這樣的良將，不用妝飾打扮，不用花言巧語，因為他本身就是桃李、能開芳美的花、能結甘甜的果子，所以自然而然就會得到人們的愛戴。仔細想一想，的確是這樣，大家若想有所成就，若想得到眾人衷心的喜愛，巧言令色那是遠遠不夠的，你是一顆蒺藜，任怎麼打扮還是一顆蒺藜，幸運來了只怕也抓不住。你必須由內而外的努力，將自己變成一顆桃樹、一顆李樹，這樣才較易得到幸運之神的眷顧吧。

妙妙唇形科

　　唇形科是一個奇妙的科，她裡面有兩百多個屬，三千多個種。可是，她有什麼好奇妙的呢？

　　唇形科之妙，妙在芳香油。這些芳香油啊，有的可以提香，有的可以藥用，尤其可愛的是，有的還可以烹飪。唇形科群芳中有一些極其的有名，好比薄荷、迷迭香、羅勒、鼠尾草、薰衣草、百里香、紫蘇、益母草、一串紅等，大家是不是很耳熟呢？

　　為什麼叫唇形科？因為她的花瓣常常融成一個上唇和一個下唇，彷彿美女的芳唇，芳唇輕啟，柔媚多嬌。不過這芳唇啊，可不是櫻唇，應該是大嘴。為什麼？因為她的花冠（花瓣的總稱）像一枝管子，管子的末端才伸出膨大的芳唇，映襯之下，她就成了大嘴美女啦。

　　以上是唇形科的總印象，現在各別白描一下唇形科的群芳，給她們每人一個獨奏的機會。

1、薄荷

　　薄荷可不是荷花，更不是薄薄的荷花，伊是一種陸生的多年草本。薄荷的莖是直立的，高30～80釐米，但是也有匍匐莖在地上蔓延，有根狀莖深入地下。薄

荷葉是對生的卵形，就是小朋友賣萌時用雙手攔在臉下作出的那個開花的姿態，端的十分可愛。

薄荷的花兒其實乃是一種輪狀花序，她們著生在葉腋，正好圍著葉腋呈一圈，花色淡紫或白色，花期七月到九月。薄荷花開之時，整個的造型還是蠻素雅的，一層層的對生葉子，襯著一輪輪的花兒，猶如多層的寶塔，如果在風中搖曳，她會不會有像比薩斜塔，或者是飛來峰靈隱寺呢？

其實，薄荷的素顏在仙女雲集的花界根本算不了什麼，薄荷之所以有名，完全是由於她全身所含的薄荷油的緣故。

薄荷油，不說大家也知道，大家一定都用過，至少，你總吃過薄荷糖吧，薄荷油的那種極其有穿透力的香味是不是有一種魔力，叫你清涼又醒腦？薄荷油是由薄荷蒸餾得到的，她的主要成分是薄荷醇、薄荷腦、薄荷酮等等，由於獨特的香氣，她被廣泛用於食品、藥品、飲料、烹飪等行業。

薄荷除了提煉精油，也可直接家用。薄荷葉可以沐浴熏香，令你飄飄欲仙滿身清香，更增三分的魅力。而薄荷湯則可以抑制許多病菌和病毒，乃是一種良藥（請聽醫囑，大家不要亂試，畢竟病情是複雜的，需要對症下藥）。

薄荷葉也可以加入紅茶或綠茶中製成薄荷茶，清涼又醒腦，實為避暑之聖品。薄荷葉打成的汁又可以加到果凍裡面做成薄荷果凍，那個滋味啊，別有一番風情，實在妙不可言。

薄荷的拉丁學名是Mentha，這裡面可是暗藏玄機。希臘神話，冥王搞婚外情，愛上了一個妖精叫Mentha，結果東窗事發，被冥后給撞破了。有一天，冥后看到妖精Mentha躺在冥王懷裡卿卿我我，這還了得，冥后暴怒之下，將可憐的Mentha變成了一株薄荷，這個就是薄荷的來歷，所以，今天的薄荷叫Mentha。

《聖經》中也有提到薄荷，雖然不是那麼正面。《馬太福音》說，「你們這假冒為善的文士和法利賽人有禍了。因為你們將薄荷，茴香，芹菜獻上十分之一。那律法上更重的事，就是公義，憐憫，信實，反倒不行了。這更重的是你們當行的，那也是不可不行的。」不過從這段文字裡，可以反證「薄荷，茴香，芹菜」在彼時猶太人的眼中，絕對是三件美物，足以獻祭給上帝。只不過，在耶穌的眼中，香料雖美，可是不如美德美。上帝悅納香料，可是更加悅納人們的美德與善行。其實不管你有沒有宗教情結，這段話還真是蠻有道理的。

　　好了，薄荷就講到這裡，下面一個是迷迭香。

2、迷迭香

　　迷迭香，顧名思義，迷人的陣陣清香。伊的英文名是Rosemary，該名來自拉丁名Rosmarinus，在拉丁文中，Ros指「露」，Marinus指「海」，所以Rosmarinus就是「海之露」。為什麼叫「海之露」呢？因為迷迭香特耐旱，她甚至不用吸水，僅憑海風吹來的濕氣也能活下來。

　　迷迭香是一種多年常綠小灌木，她分為兩類。第一類乃是直立形，猶如玉立的美女，株高一米半，第二類乃是匍匐形，猶如靜臥的美人。

　　迷迭香的葉子是對生的針形，到了夏天，她也會開唇形花，這花開在葉腋圍成一輪。花

兒有白色、粉紅、紫色、藍色等。

葉子乃是一種可愛的香料，乾葉子或新葉子都可用於烹飪，尤其是地中海料理，迷迭香葉幾乎不可或缺。這香葉有一種苦澀的味道和芬芳的氣味，苦與芬混合起來，即使沒有膾，你也會覺得膾炙人口。當然這有點吹牛，巧婦難為無米之炊，名廚難為無料之菜，想要膾炙人口，香草只是配角，主角還是主料，不過迷迭香葉真的是很棒的配角，大家不妨一試。

大家應該知道，香水是分許多種的，那麼有一種香水呢，就叫「迷迭香水」，因為她加入了迷迭香的精油。這精油也可以加入到洗髮水或香皂中，散出天然的異香。另外，迷迭香的枝葉也可用於焚香，那個幽香也是蠻清爽怡人的。

迷迭香的花語是什麼？迷迭香的花語是「回憶」，因為西人歷來相信迷迭香可以提高記憶力，可以幫助回憶動人往事並且銘記在心。由於這個緣故，西人在婚禮、葬禮、紀念會都會用到迷迭香。婚禮中，新娘常會戴上迷迭香花冠，表示說她要永遠記住這甜蜜的時刻，也代表她內心對愛情的忠貞。而在葬禮中，悼者會將迷迭香小枝拋入墓穴，表示他們對死者的凝念。

《哈姆雷特》中奧菲利婭（王子的哀艷情人）發了瘋，她對哥哥講了一句有名的瘋話，「這是表示記憶的迷迭香，愛人，請你記著吧。」（There's rosemary, that's for remembrance. Pray you, love, remember.）奧菲利婭是在鼓動哥哥向王子復仇嗎？因為王子刺死了她父親，還無情拋棄了她。

西方著名的民謠《斯卡布羅集市》（*Scarborough Fair*）有這樣一句被反覆吟唱五遍，「Parsley, sage, rosemary and thyme」（香芹、鼠尾草、迷迭香和百里香），為什麼要吟唱五遍呢？因為歌者苦苦思念的女孩就住在「斯卡布羅集市」，那兒盛產那四種香

草，所以這位大情聖乃是愛屋及烏念茲在茲，思念那兒的人，思念那個地方，鍾情戀人身畔的香草。可以說，苻堅先生是「草木皆兵」，這位情聖卻是「香草皆伊」了。

聽到這首歌，真的很佩服愛情的魔力，真的很憧憬純純的愛情，相思的甜與苦交織在一起，甜中有苦苦裡透甜，宛如美味的巧克力，難怪說巧克力藏著愛情的感覺呢。不過巧克力裡真的藏有愛情。因為從化學的角度，人腦之所以感受到愛情的甜蜜，乃是因為腦中產生了苯乙胺，它是個快樂分子，巧克力裡面就有它。所以啊，情人節送巧克力，大家知道是何道理了。那麼，情聖念叨香草，原來是被愛神施了苯乙胺。丘比特之箭，抹的原是苯乙胺。

其實有一首中文歌也叫《迷迭香》，周杰倫演繹，「你隨風飄揚的笑，有迷迭香的味道，語帶薄荷味的撒嬌，對我發出戀愛的訊號」——你的音容笑貌，猶如迷迭香之清雅怡人，猶如薄荷味之清幽沁心，令我心猿意馬，令我小鹿亂撞。同時，迷迭香又指美好的回憶，這就表示說，你的美麗與可愛，永遠銘刻我心中。大家看，這個細膩的情思啊，是不是很迷人？

所以，迷迭香與愛情有緣，可是，她還與愛神有緣呢。這個怎麼說呢？

大家知道，中國的愛神乃是月下老人，西方的愛神乃是丘比特與維納斯，那麼這個與迷迭香結緣的愛神是誰呢？乃是維納斯。

維納斯，誕生於「大海之沫」，這個「大海之沫」可不得了。希臘神話中，一代天王是烏蘭諾斯，二代天王是克洛諾斯，三代天王是宙斯。烏天王主政時倒行逆施，引起眾子的不滿，於是克洛諾斯搶班奪權，他趁父王熟睡之機，一刀將他閹割並將那陰莖拋入大海，掉落凡間的陰莖噴湧出如山的泡沫。這儼然是一幕悲劇，不過還好，這悲劇好歹有一個喜劇一點的結尾。在那泡沫之中，居然誕

出一位女神——愛與美之女神——維納斯。首開雙眼的維納斯，玉立於泡沫之中，蹈在貝殼之上，左邊有風神吹來陣陣的熏風，右邊有春神送來絢麗的華服，她渾身是赤裸的，除了，披著幾縷浪漫的迷迭香。

大家看，迷迭香果然與愛神有緣吧，當你在追尋愛情的時候，不妨在家種上一盆迷迭香，或許會得到愛神的眷顧哦。

3、羅勒

羅勒是什麼？羅勒是香草。大家可能對她陌生，可是，她在粵菜、泰國菜、義大利菜中卻是一顆耀眼的明星，「羅勒葉，七里香」，說的正是她的魔力。

羅勒又名「九層塔」，又名「蘭香」。為什麼叫「九層塔」？因為她的花序重重疊疊如寶塔。為什麼叫「蘭香」？因為當年五胡亂華之時竄起一位胡王「石勒」，羅勒碰到石勒，不得不被勒令易名。「蘭香」這名字還是蠻好聽的，而且比「羅勒」明白易懂，「九層塔」也不錯，挺有畫面感，反倒是「羅勒」有點莫名其妙。

可是不要莫名其妙，因為羅勒始源於印度，和波羅蜜一樣，她們都是梵文的音譯。

羅勒株高20～80釐米，外形大致是莖兒方方多分枝，葉子卵圓相對生，花序重重如寶塔。

羅勒花兒凋謝後，可以蒐集羅勒子。羅勒子又叫蘭香子、明列子，乃是羅勒的種子，看著有點像黑芝麻。

羅勒子水煮之後，它會生出一層凝膠，整個羅勒子，彷彿一顆迷你黑心水晶球，又或是一顆微小豆沙湯圓。不過這水晶球也好，豆沙湯圓也好，看著好看，吃著也是蠻好吃的，飲著也是蠻愜意的，大家也可以將羅勒子與牛奶、果汁、蜂蜜、檸檬、咖啡等混搭，配成你喜歡的味道。

現在也有一些飲料主打羅勒子，有機會大家一定要嘗嘗，別有一番風情的。如果你現在嘗不到，不妨想想珍珠奶茶，或者西米露，它們滋味是不一樣的，但是那個感覺是有像的，都是那種吞珠子的感覺。

根據中醫學，羅勒子具有清熱、明目、祛翳（眼斑）的妙用，這也是它為什麼被稱為「明列子」的原因了。所以，如果你眼神不好，請吃一點明列子吧，或許，它會給你一雙犀利的電眼。

羅勒子固然很好，但羅勒身上還有比它更好的，那就是羅勒葉。那麼，羅勒葉有什麼奧妙呢？

羅勒葉有一種特別的香氣，那香氣有點兒像薄荷，但是不比薄荷的清香，但是一樣的醒腦。打個比方吧，薄荷之香有如仙女，羅勒之香卻有如主婦，這是一種渾厚的、濃郁的、沁人心肺的香氣，若是配起菜來，仙女雖美，卻是不若主婦相宜，所以在烹飪之中，羅勒葉可要比薄荷葉用到得多得多，尤其是義大利菜和南亞菜，更是在廣泛地使用羅勒。風靡西方的義大利麵條，其最重要的調味料是青醬，最好的青醬當然應該現做，青醬便是用蒜蓉、羅勒的碎葉、松仁，拌入橄欖油和乳酪製成的，大家有時在餐廳裡吃義大利麵的時候，會看到麵條中黑色的粉末——那個當然是胡椒，會看到紅色的醬——當然是番茄醬，還有洋蔥、牛肉、海鮮什麼的，但是，還有一些碎碎葉，那就是羅勒葉了，那一種醒腦的香味兒，就是它散出來的。煮湯也有用羅勒葉的，新鮮的、乾燥的羅勒葉都可

以，只是要注意一點，一定要快起鍋的時候放羅勒，放早了，那香味兒不耐煮，很快就散了的。

羅勒在基督教（尤其是東正教）擁有崇高的地位，這個是有其歷史淵源的。

此話怎講呢？西元306年，羅馬帝國君士坦丁大帝即位。這位大帝可不得了，他的前任有一位戴克里先大帝，戴大帝因為羅馬帝國疆土遼闊、民族複雜、難以治理，所以搞了個驚天地泣鬼神的「四帝共治制」，他將羅馬帝國一分兩半，也就是西羅馬帝國和東羅馬帝國，每一半分設一個正皇帝和一個副皇帝，每個皇帝（無論正副）分管帝國的四分之一，這樣，四帝協力同心治理羅馬，還有什麼做不好、做不到的呢？當然，戴先生還是四帝中的老大。

戴先生將繼承法也考慮好了，正皇帝龍馭賓天，則副皇帝轉正，新正帝再委任新副帝，依次類推，則羅馬帝國江山永固萬年不倒矣。

戴先生是一位淡泊的皇帝，在他55歲之時，自感年老體衰勝任不了皇帝的重任，居然主動「退休」，解甲歸田去種捲心菜，他閣下乃是唯一一位自願放棄帝位與權力的羅馬皇帝，這種民主的意識和器量，實在是很難得呢。

可是戴先生創制的「四帝共治」也就到此為止了。他掌權之時，大家都服他，可一旦他退位了，便誰也不服誰了。於是乎，羅馬帝國爆發了「帝座戰爭」，一時間群雄逐鹿兵連禍結，人民苦不堪言。

「帝座戰爭」從西元311年一直打到324年，最終君士坦丁大帝削平了群雄，獨霸了羅馬，修成九五之尊。這位君先生啊，那對人類歷史的影響可大了去了，除了打贏「帝座戰爭」之外，他還第一次將羅馬帝國的首都遷到「君士坦丁堡」，也就是今天土耳其的

「伊斯坦堡」。

以「君士坦丁堡」為首都的「東羅馬帝國」一直持續到1453年（貨真價實的千年帝國，可不是希特勒的那個十二年的「千年帝國」），才被土耳其人攻滅，直到今天，仍是土耳其的第一大城。

但是對君士坦丁而言，這些都不算什麼，君先生一生中幹過的最重要的一件事，要數對於基督教的貢獻，在他之前的羅馬皇帝（如戴氏）都是迫害基督教的，他卻是第一位信仰基督教的羅馬皇帝，他不但信仰，他更要行動。

西元313年，君士坦丁和另一位皇帝李錫尼（彼時帝座戰爭還未結束）在米蘭聯合發佈了《米蘭詔書》，宣布羅馬人民有信仰基督教的自由，並發還已沒收的教會資產，由此基督教地下轉為地上，私密轉為公開，在上帝和世俗的雙重眷顧之下，一飛沖天一發而不可收拾，蓬勃發展為今天的信徒約20億的偉大宗教。

好了，拉拉雜雜講了這麼多，那麼君士坦丁大帝和羅勒又有什麼關係呢？

其實，基本上沒什麼關係，但是，和君士坦丁的母親有關係。

君母名叫海倫娜，基督教稱她為聖海倫娜，因為她是教會的聖徒之一。為什麼她會成為聖徒呢？因為她是太后嗎？

當然不是，歷史上太后多了去了，可還有哪個太后成了聖徒的？海倫娜之為聖徒，完全是因為她做了一件大慰人心的事情（對基督徒而言），她找到了約三百年前耶穌受難所釘的「真十字架」。

大家想一想，耶穌是基督教所信仰的「主」、「聖子」、「救世主（基督、彌賽亞）」，是他們信仰的中心，那末，對他們而言，耶穌受難的「真十字架」該是何等的神聖了。既然海倫娜立下如此的曠世奇功，她被封聖也就不足為奇了。

「真十字架」一直流傳至今，不過可惜的是當年（1187）十字軍帶上它和回教徒火拼的時候，十字軍被擊潰，真十字架也被毀損，不過幸好那殘片被小心蒐集起來，珍藏在今天梵蒂岡的聖彼得大教堂和羅馬的聖十字聖殿。

還記得拿破崙兵敗滑鐵盧後的人生最後歸宿嗎？他被流放到聖海倫娜島，這個島就是為了紀念海倫娜而得名的。歷史在這裡發生了奇妙的巧合，兩代天驕，君士坦丁與拿破崙，一位是生於聖海倫娜，另一位則是死於聖海倫娜。

由此可見，海倫娜了不起吧。可是，這和羅勒又有什麼關係呢？是這樣的，海倫娜找到「真十字架」的時候，驚奇看見羅勒盤根錯節糾結其上，如此則愛屋及烏一榮俱榮，羅勒也就顯榮成聖了。直到今天，東正教依然用羅勒枝灑聖水，用羅勒盆裝飾教堂。

有沒有什麼關於羅勒的故事呢？薄伽丘的《十日談》正好有一個，名字叫〈羅勒花盆〉。

故事是這樣的：墨西拿有三兄弟，他們有一個美女妹妹叫麗莎，他們有一個英俊夥計叫羅倫佐。俊男美女處久了不免就互相吸引，然後就擦槍走火，然後就乾材烈火。墜入情網的兩個人，愛得昏天黑地死去活來，享盡愛情的甜蜜，可是他們不懂一種心理，兄長可能會嫉恨奪走美麗妹妹的情人。

有一天晚上，麗莎大搖大擺私會羅倫佐，被長兄撞見了。長兄氣得七竅生煙，他找來另外兩個兄弟密謀，終於，他們決定要謀殺羅倫佐，洗雪這個恥辱。有一天，三兄弟帶羅倫佐去「郊遊」，來到一個荒山野嶺，乘他不備就把他殺死了，埋掉了。

那回家怎麼交代呢？他們說派羅倫佐到外面料理商務去了，這在當時是常有的事，所以大家都不足為奇，這個謊就算圓了。不過這可就苦了麗莎，她一而再再而三地向哥哥追問羅倫佐的下落，可

哥哥被逼急了，反而威脅她，「你們到底是什麼關係？」

可憐的麗莎只好終日以淚洗面，淒淒慘慘戚戚，不過還好羅倫佐的幽靈托夢來了。幽靈告訴麗莎，他是怎麼怎麼被哥哥們謀殺了，屍體埋在哪兒，還叫她不要再等他了。麗莎如夢初醒，她帶著心腹女僕來到那個傷心地，挖出了情人的屍首，割下情人的腦袋，將那無頭屍身重埋好，最後包著那腦袋回家了。

麗莎不會告發她哥哥，麗莎也愛她哥哥，這個可憐的弱女子，只好默默承受所有的哀傷。

她覓到一隻大花盆，她仔細用麻布包好人頭，她小心將人頭放進花盆，她在上面蓋土，她在土裡插了幾條羅勒枝，她用她的眼淚澆灌那羅勒。

因為淚水和人頭的滋養，那羅勒生根發葉開花結果，竟然長得枝葉茂盛、香氣襲人。癡情的麗莎每天癡癡地對著羅勒癡心妄想，她玉容寂寞梨花帶雨，哭腫的眼睛幾乎要從眼眶裡掉出來，久而久之，那三個哥哥開始懷疑了。

他們偷走了那盆羅勒，他們挖開了那盆土，他們看到了羅倫佐的人頭。

三個哥哥嚇壞了，他們害怕官府知道這件事，於是，他們祕密將那顆頭顱埋葬好，瞞過所有親朋好友，收拾齊金銀細軟，一溜煙逃到那不勒斯去了。剩下孤苦伶仃的麗莎，她找不到那寄託情思的羅勒花盆，每日在病中哭泣求索，哀豔的美人，終於一縷香魂隨風而逝。

這個淒涼的愛情故事，後來又激發了英國詩人濟慈的靈感，他據此寫了一首淒美動人的敘事詩，*Isabella, or the Pot of Basil*（麗莎與羅勒花盆），後來又有兩位英國的畫家畫了兩幅漂亮的油畫，講述詩中的情景，這兩幅畫，一幅畫叫Isabella，另一幅叫Isabella and the Pot of Basil。大家可以在網上搜索，領略一下其中的攝人心魂的悲劇美。

4、紫蘇

紫蘇，又叫白蘇，又叫蘇。她是一種一年生芳香草本，高0.5～2米。她的形態和羅勒很像，非常像，畢竟，大家都是唇形科的嘛，甚至，許多人還以為紫蘇就是羅勒，羅勒就是紫蘇，其實當然不是這樣的啦，紫蘇是紫蘇，羅勒是羅勒，不過，她們的葉子都是上好的食材。

談到紫蘇，不能不提蘇州，蘇州為什麼叫蘇州？因為蘇州有一座姑蘇山，為什麼叫姑蘇山？因為昔日山上佈滿了紫蘇，蘇的本義就是紫蘇。

姑蘇山上曾有一座巍峨壯麗的姑蘇臺，它是吳王闔閭和夫差父子兩代興建起來的吳國「圓明園」，不意卻毀於越王勾踐之手。

這是怎麼一回事呢？這就得從吳越爭霸講起了。春秋五霸（荀子版）：齊桓公、晉文公、楚莊王、吳王闔閭、越王勾踐，闔閭和勾踐乃是五霸當中的最後兩霸，而且是同一時代的人，那麼當然，一山不容二虎，天下不容兩霸，既生你何生我？於是乎，吳越爭霸勢不兩立轟轟烈烈地展開了。

爭霸的經過，大家應該耳熟能詳吧。吳王闔閭率先發難，他手下的大將孫武、伍子胥差一點將不可一世的楚國滅掉，楚國在秦國的幫助下才大難不死死灰復燃。

這時的吳國已是儼然的一霸了，未想越國從後方偷襲吳國，不讓他揮師北上問鼎中原，闔閭只好掉過頭來對付越國。可是越國並非軟柿子，檇李（嘉興西南）一戰，吳師大敗，闔閭王傷重不治，傳位太子夫差，死前叮嚀他「必毋忘越」。

夫差繼了大位，不辱父命勵精圖治，區區兩年之後就在夫椒（蘇州西南）打敗了勾踐，勾踐被圍會稽山，山窮水盡走投無路只好向夫差屈膝投降，作了夫差三年奴僕之後才狼狽回國。接下來，就是眾所周知的越王勾踐「臥薪嚐膽，十年生聚，十年教訓」。

勾踐一方面自己臥薪嚐膽，一方面呢麻痺夫差，他給夫差送去了絕世美人西施，令吳王尋歡作樂荒淫度日。這一招「美人計」真的很有效，李白《烏棲曲》可為證，「姑蘇臺上烏棲時，吳王宮裡醉西施。吳歌楚舞歡未畢，青山欲銜半邊日。銀箭金壺漏水多，起看秋月墜江波，東方漸高奈樂何！」──黑甜的春宵苦短啊，明亮惹眼的太陽，你很討厭哪！你讓我多享樂一會兒不行嗎？

如此看來，姑蘇山上有紫蘇，紫蘇曾睹西施容，紫蘇啊紫蘇，你能告訴我，西施究竟有多美嗎？

其實吳王也沒有完全沉湎於美色，他是愛美人也愛江山，他的霸業也未曾閒著，只是，只是越王那一邊太陰險了。夫差13年，夫差兄在黃池（河南封丘西南）大會諸侯，奪得霸主之位。可惜啊，夫差兄猶在品嘗初作霸主的餘韻，勾踐兄就趁他老巢空虛，直搗姑蘇城，大敗吳師，殺太子友。

夫差兄只好調轉槍頭作反戈一擊，但是他都城已失士卒疲憊，於是向越國求和。勾踐現在也沒有絕對滅吳的實力，思慮再三就同意了，於是兩國罷兵。

接下來夫差簡直是倒了血楣，他面對勾踐那是屢戰屢敗屢敗屢戰，終於，黃池制霸七年之後，勾踐傾全國之力發動了總攻，夫差

招架不住退回姑蘇城死守。又三年之後，姑蘇城破，夫差突圍西上姑蘇山，求和勾踐而不得，只好委委屈屈含恨自盡了，無數人頭換來的霸業，不想及身而敗，實在令人噓唏，發人深思。

為了一己的野心而去爭霸，而去爭當世界領導人，而置民生民權於不顧，這樣的霸業是應該被唾棄的。或許，是老天爺放棄了夫差，老天爺使榮之，老天爺可賤之。

約有六百年歷史的吳國，也就這樣亡國了。姑蘇山上的姑蘇臺，也被越兵縱火焚掉。那些淒淒惶惶的美女宮娥、西湖西子、手下敗將、敗國布衣，會是什麼樣的命運呢？山上的紫蘇，你們親見的，當時是何等樣的淒涼慘景呢？

好了，姑蘇就談到此為止吧，下面接著聊紫蘇。

紫蘇的古名叫荏，就是「光陰荏苒」、「色厲內荏」的荏。因為紫蘇畢竟是一種柔弱的草本，所以外表兇惡而內心卑怯就叫「色厲內荏」，而紫蘇慢慢慢慢長得茂盛，時光一點一滴流逝，就叫「光陰荏苒」了。

紫蘇又名白蘇，有的書將紫蘇和白蘇分列，但其實她們是同種，紫蘇就是白蘇，白蘇就是紫蘇。或許是因為花兒的緣故，紫蘇花有白色和紫色，那麼開白花的可以叫白蘇，開紫花的可以叫紫蘇。

紫蘇的葉子芳名「蘇葉」，蘇葉卵形，邊緣有鋸齒，葉尖凸出似龜尾，整個的葉形是蠻可愛蠻溫婉的，她和白色的紫蘇花伴在一起，彷彿清秀的伴娘陪著純美的新娘，那麼的溫馨和美麗。

蘇葉的顏色很有韻味，有青色的，有紫色的，有一面青一面紫的。為了以示區別，那青葉的紫蘇人們叫她「青紫蘇」。紫色的呢？總不能叫「紫紫蘇」吧，那個發音也太怪了。因為那紫葉往往是紫裡透紅紅得發紫，人們叫她「紅紫蘇」。至於一面青一面紫的，韓國用來做泡菜的紫蘇就多是這種，她好像沒有什麼新奇的叫

法，不過大家不妨自娛自樂，可以叫個「青紅紫蘇」，不禁想到昔日的「青幫」和「洪門」，他們要是聯手搞個會徽的話，「青紅紫蘇」倒是蠻搭的。不禁又想到「大話西遊」裡的紫霞和青霞，她們兩姐妹不是合體為一人了嗎？白天是紫霞，晚上是青霞。如此看來，給「青紅紫蘇」送個雅號「紫霞仙子」也是不錯的。

紫蘇的果實叫「蘇子」，蘇子非常小，直徑才有1毫米，果皮灰褐色，表面有網紋，彷彿一個戴著面紗的小鬼頭。這小鬼頭可是人小鬼大，它可以榨紫蘇油。

紫蘇油富含 α-亞麻酸，含量達到64%，雄踞植物油之冠。這 α-亞麻酸是人體的一種必需脂肪酸，所謂「必需」，就是你自己不能合成，非要從食物中攝取的。 α-亞麻酸對嬰幼兒的大腦和視力的發育至關重要，所以小孩子吃一點紫蘇油是非常有好處的。

不過紫蘇用的最多的還是葉子，因為蘇葉是非常上乘的食材。中國人很早就食用蘇葉了，李時珍曾記載，「紫蘇嫩時有葉，和蔬茹之，或鹽及梅鹵作菹食（鹹菜）甚香，夏月作熟湯飲之」，那麼現在呢，我們用到蘇葉，多是作為佐魚蟹的香料。

如果說紫蘇在中國有一點將星衰落，那麼她在日本可是大紅大紫，她甚至已成日本料理的標籤之一。日本人會用青紫蘇製作刺身和天婦羅。刺身就是生魚片，將紫蘇和魚片貝片肉片什麼的混搭在一起，既可去腥味，菜色又好看，的確是匠心獨運呢。至於天婦羅，其實就是油炸魚（也有用蝦、貝、烏賊、蔬菜的），這個魚不是直接炸的，而是要在表面敷上一層「羅衣」——麵粉和蛋黃混成的漿，然後再下鍋炸個三分鐘就好。這天婦羅若是配了紫蘇，天婦羅的油酥與紫蘇的清香熔在一起，那個感覺啊，根本就是天作之合，香甜可口油而不膩，實在令人心怡。

至於紅紫蘇呢，她也自有別致的用處，日人用紅蘇葉為酸梅染

色，天然的染料，又帶著蘇葉特有的香氣，這一招真不賴。另外他們還用乾蘇葉製七味粉，這個粉類似我們的五香粉，都是雜七雜八配成的混合香料，烹飪的時候加一點可以增加風味的豐富度。

中日之外，在韓國越南，紫蘇也是一個寵兒。

在韓國呢，紫蘇可以用來做泡菜，新鮮的蘇葉可以做沙拉，另外，韓人嗜烤肉，不過光吃肉不吃菜油膩啊，他們就用紫蘇葉或辣椒葉來下肉，這樣就不會油膩了。

那麼越南呢，越南人在燉菜和煮菜的時候會加入蘇葉提香，在做一些麵食的時候也會配上蘇葉。大家看，紫蘇算是風靡東亞吧。

5、鼠尾草

鼠尾草，她的中文名字有點委瑣，怎麼是老鼠尾啊？我東看西看左思右量，到底哪裡像老鼠尾呢，只有花朵中心的雌蕊像鼠尾，難道這就是「鼠尾草」的來歷？不過且慢，這雌蕊在花瓣的羽翼簇擁之下，其實一點沒有「鼠尾」的影子，所以，這個推測不可靠。

果不其然，詳查資料方知所謂「鼠尾」，非在外形而在質地。那麼，她的質地哪裡像「鼠尾」了？答案是她的葉子上佈滿了許許多多的短柔毛，那個短柔毛的質地，簡直就跟老鼠尾的質地一模一樣。所以，她的芳名就委委屈屈地給冠上了「鼠尾草」了。

雖然她的中文名如此委瑣，可是她的西文名卻是眾口一詞的稱

讚。她的拉丁名叫Salvia，意思是「治癒」，西諺有云：「有鼠尾草在你的花園裡，你就不用醫生啦」，因為鼠尾草被認為對於驅邪、愈傷、止血、利尿、調經均有奇效。

她的英文名叫Sage，法文名叫Sauge，德文名叫Salbei，這些詞有一個共同的意思──「聖人」，大家看，西人對她評價高吧。

所以啊，我們中國人看鼠尾草，有一點以貌取人的意思，因為她的表象給了她一個惡名。人家西方人看鼠尾草，是看她的本質，因為她的妙用給她封聖。當然這只是一個笑談，對植物的命名，著眼點不同，看表象看內涵都是可以的，恰當就好。

鼠尾草的外形，約有60釐米高，花兒多是淡紫色，也有白色、粉紅、紫色的，花期在晚春和夏天。葉子橢圓形灰綠色，大小不一，大的約長6釐米，葉面生有許多「鼠尾毛」。

鼠尾草有什麼妙用呢？醫學之外，還可用於觀賞、烹飪和香精油。觀賞用鼠尾草其實蠻漂亮的，一點都不像老鼠尾，反倒那沉浸在綠葉湖中的花穗兒格外高貴典雅，彷彿侍女團侍的貴婦人，美得叫人心醉，美得令人流連，大家若有機會看到她，可不要走馬觀花錯過她的美麗。

至於烹飪呢，鼠尾草帶著微微胡椒味，可作為烹調的香料。比如在法國，人們用鼠尾草烹調白肉和蔬菜湯；在德國，人們用它灌香腸；在英美，人們過耶誕節或感恩節的時候要烤火雞，這火雞的肚子裡要填上一些稀奇古怪的東西，有土豆泥、紅薯、果醬、甜玉米、蔬菜，另外很重要的就是鼠尾草和洋蔥。

這個菜其實蠻方便蠻有創意的，火雞肉在外面烤的時候，那些個醬料就在裡面燜熟了，然後火雞的肉香、肉味跟裡面醬料的醬香、醬味自然地融為一爐渾然一體，現在幻想起來，的確叫人神往啊，大家有機會不妨一試，沒有火雞的話，什麼雞鴨鵝呀都可以替

代，反正這個菜的精髓就是用鳥肚燜醬料。

莞爾想到李逵兄常常叫囂的一句話，「嘴裡都淡出個鳥來」，李大哥啊李大哥，你若是行走於英美之江湖，還會跟「鳥」過不去嗎？

至於鼠尾草香精油呢，它是從葉子中萃取的，出油率約1%，這個香精油啊，能夠明心見性、明目醒腦，令你博聞強記，跟迷迭香香精油倒是有異曲同工之妙，不過列位看官可得小心，一定要微量使用，用多了有毒的，切記切記。

在古代歐洲，有一位非常喜愛鼠尾草的皇帝，他就是大名鼎鼎的查理大帝。雖然大名鼎鼎，可他畢竟是外國人，看官可能會問，查理大帝何許人也？大家知道撲克牌裡有四張老K，其實這些老K都是有來頭的，K就是King，是國王，黑桃老K是大衛王，梅花老K是亞歷山大大帝，方塊老K是帝王中的鑽石凱撒大帝，那麼紅心老K呢，他就是我們這裡提到的查理大帝了。這四位帝王，都是西方帝王中響噹噹的人物，固一世之雄也，而今安在哉？當然不在了，但他們的影響力，曆千年而不衰。好比這位查理大帝吧，大家都知道今天的歐盟啊，雖然主席是輪流坐莊，然其真盟主卻是法德兩國，這兩個當世的一等一的強國，溯其歷史淵源，實在是來自於查理大帝所開創的法蘭克帝國，這個大帝國在後世經歷了許多分分合合風風雨雨，到了今天呢，大致上西邊就演化成了法國，東邊演化成了德國。

回頭再談查理大帝。大帝生於742年（正巧是唐玄宗的天寶元年），卒於814年（唐憲宗元何九年）。大帝的青年時代，無論是東方還是西方，全都亂成了一鍋粥。東方的大唐帝國爆發了安史之亂，弄得雞犬不寧民不聊生幾成修羅世界，所謂「國破山河在，城春草木深」是也，所謂「烽火連三月，家書抵萬金」是也，大唐帝國由此中衰。那麼西方呢，西歐的霸主西羅馬帝國倒臺已將近三百

年，但是西方新秩序又未能建立，各小國爾虞我詐你攻我伐生靈塗炭，宗教呢大家也是各信各的神倒是頗有宗教自由。大家知道現在的歐洲是絕對的基督教世界，可是在查理大帝早年，基督教廷卻是風雨飄搖，羅馬教皇的威權屢屢受到世俗的挑戰，而在國際上，龐大的阿拉伯帝國已然由南而北自西向東吞併了西班牙，伊斯蘭軍隊甚至要一口氣吃掉西歐，基督教看來已是岌岌可危。在這個緊要的關頭，查理大帝的祖父人稱「鐵錘查理」（Charles the Hammer）橫空出世，挽狂瀾於既倒，扶大廈於將傾。

彼時阿拉伯聖戰軍已經打到法國的圖爾（Tours），那些個阿拉伯重騎兵面對歐洲的步兵簡直就是所向披靡人擋斬人仙擋斃仙，可是鐵錘查理硬是用「龜守林中的戰術」成功鉗制住對方騎兵的威力，經過幾天的纏鬥，鐵錘查理大獲全勝，不但擊潰了阿拉伯軍，而且格斃敵軍統帥時任西班牙總督的阿卜杜勒・拉赫曼。

或許大家認為勝敗乃兵家常事，這不過是一場普普通通的會戰，可是歷史家們並不如此看，他們許多人認為，圖爾會戰，實在是事關西方世界的基督教與伊斯蘭教興衰的一戰，查理勝則基督教興，阿卜杜勒勝則伊斯蘭教興，結果查理獲勝，基督教也由此在歐洲定於一尊至今。

以我等華人看來，鐵錘查理可算是基督教的大護法了。其實基督教（也包括其他偉大的宗教）的護法何止千萬，但是鐵錘查理這位護法的特殊就特殊在其歷史背景上，彼時伊斯蘭世界已是一統一的阿拉伯大帝國，畛域橫跨亞歐非三大洲，況其創業之初氣勢如虹，東略東羅馬西征西班牙，面對歐洲的基督教世界幾成兩路夾攻之勢，在此生死存亡日暮途窮之際，鐵錘查理的這一勝戰於歐洲不啻一強心劑也，於阿拉伯帝國則是一悶棍也，所以啊，這個對雙方的氣勢實在是有莫大的影響。正因如此，英國作家John Henry

Haaren在他的《Famous Men of the Middle Age》（中世紀名人）中寫道，「圖爾會戰是世界歷史上的一場決定性的會戰，這場大戰選擇了基督徒而不是回教徒來統治歐洲」。

好了，這個便是鐵錘查理的光輝履歷，但是大家請注意，鐵錘查理可不是國王，他不過是法蘭克王國的宰相，其為人精明強幹文武雙全，而且又為國立下了不世的功勳，如果要和我中華的英雄豪傑作比較的話，竊以為，那位「治世之能臣，亂世之梟雄」的曹公孟德最是相宜。

孟德兄的光輝業績文治武功大家都是耳熟能詳，那就不必多說了，有趣的是孟德之子曹丕篡了漢統，而鐵錘查理之子丕平（Pepin，雖然是音譯，可也有個丕，難道是翻譯家有意為之？）也篡了法統（法蘭克之王統）。再往後就不一樣了，曹丕之子曹叡沉毅斷識卻英年早逝（享年34），且不久曹魏即為司馬所篡，丕平之子查理卻一飛沖天一發而不可收拾，他打平西歐的天下並且解了教皇利奧三世的倒懸之厄，西元800年，教皇感恩加冕查理為「羅馬人的皇帝」，查理大帝由此得名。

好了，又拉拉雜雜講了這麼多，可是偉大的查理大帝，喜愛鼠尾草的查理大帝，你為鼠尾草做過什麼事情呢？當然有了，查理大帝在任期間，他曾極力向人民推薦種植這種被認為包治百病的「聖人草」，在帝國的修道院中，「聖人草」也被普遍地種植。查理大帝之看重鼠尾草，或許是因為戰亂頻仍，他要用鼠尾草迅速治癒他的戰士吧。

好了，鼠尾草可以告一段落了，鼠尾草是鼠尾草屬鼠尾草種的，其實在鼠尾草屬裡面還有一種植物很有名，她就是丹參。

丹參也是一種參，她不是人參，也不是海參，她是鼠尾草屬的一種參。大家曾記否，鼠尾草的英文叫Sage（聖人），那麼丹參

呢，她的英文叫Red Sage，或者Chinese Sage，這可不得了啦，中國聖人，都孔夫子了。丹參也叫赤參，丹跟赤都是紅的意思，為什麼她這麼紅這麼Red呢？這是因為她的根的緣故。

　　丹參的根是紅色的，這紅根、丹根、赤根、Red Root可是丹參中的精華，她是一味上古的中藥，名列《神農本草經》的仙草譜。那麼這丹參的丹根有什麼了不起呢？其主治婦女月經不調，閉經痛經，產後瘀滯腹痛，看來她乃是女性之友。女性朋友，還有珍愛女性的男性朋友，善用丹參，善待女人，記之記之。

6、薰衣草

　　薰衣草，她的拉丁名是Lavandula，她的英文名是Lavender，女士們一定對她最熟悉不過了，因為她的乾花和精油是再好用不過了。

　　薰衣草的乾花有什麼用呢？可以將她縫到布袋中做成香袋，這個香袋藏到衣櫃裡啊，實在不得了，衣服香薰留香，蟲兒逃之夭夭，正因這個緣故，她才芳名薰衣草吧。

　　那薰衣草的精油又有何用？她是良好的抗菌劑，對於傷口的癒合有奇效，這一點和鼠尾草很相像，畢竟，她們是一科的姊妹嘛。另外這精油也

可用於芳香療法，借由沐浴、按摩、香薰等神神祕祕朦朦朧朧的方法，令人神清氣爽仙袂飄飄，精氣神達到一個前所未有的高峰，魅力沖霄簡直叫人沒法抵禦，這麼說當然有點誇大了，但若你本就是大美女的話，那這個精油可真是畫龍點睛如虎添翼了，有史為鑒，埃及豔后克麗奧佩特拉。

埃及豔后可是歷史上響噹噹的大美人，其知名度，其魅力值，放眼西洋的天下，大概只有同為傾國傾城系列的海倫可與之匹敵，海倫傾掉了特洛伊一城，豔后則是傾掉了埃及一國，兩位絕世的美女，還真的是異曲同工前後輝映。

憑良心講，西方史有一點明顯比中國史好多了，中國史喜歡給美女們潑髒水，總是把君主的過失推到侍寢的美女身上，說她們是紅顏禍水天生妖孽，譬如桀之妹喜、紂之妲己、幽之褒姒、趙飛燕、趙合德、張麗華、楊玉環等等等等。這些美女們啊，胸大無腦或有之，蛇蠍美人或有之，可是，政令乃出於君嘛，君主才是國家的第一責任人嘛，怎麼可以不分青紅皂白就胡亂捧殺一切美女呢？勾踐要把西施獻給夫差之時，伍子胥兄曾道：「臣聞夏亡以妹喜，殷亡以妲己，周亡以褒姒。夫美女者，亡國之物也，王不可受。」這句話就有欠公允嘛，雖然事實證明伍子胥的擔心是對的，但吳之亡於越，西子非主因也，吳亡於盲目之爭霸也。上面列出的美女名單，也就是妲己與合德冷酷殘忍，其他的都還好，妹喜也就是喜歡聽聽撕布的聲音嘛，褒姒也就是不喜歡笑幽王才烽火戲諸侯的嘛，楊貴妃更是令人如沐春風嘛。

好了，對比一下東西方的傾國傾城，我們發現，東方的傾國傾城雖然聲勢浩大，然言過其實也，西方的傾國傾城呢，比較名副其實。海倫之傾覆特洛伊，實在是咎由自取，爾以斯巴達王后之尊，居然跟特洛伊王子私奔了，你叫斯巴達王的老臉往哪兒擱呢？於是

乎，希臘聯軍兵臨城下，於是乎，圍城十年，於是乎，木馬屠城。不過饒是如此，特洛伊戰士們第一眼看到海倫的芳容時，仍是雄素飆高熱情咆哮道，「我們願意為她再戰十年！」美到如此的程度，實在是蠱惑人心的天生妖孽。

那麼埃及豔后呢？公平的講，埃及豔后只是貌似傾覆了埃及，實際上，羅馬之吞滅埃及，實在是司馬昭之心路人皆知，埃及天下之富國，羅馬天下之強權，以強權而侵富國，勢所必然也。我看哪，豔后非但沒有故意去傾覆埃及，反而盡她的努力去保護它，雖然這保護最後失敗了，但是豔后雖敗猶榮，她差一點運用她的魅力和智慧，反過來吞掉了羅馬呢。此話怎講呢？簡單說吧，豔后先是色誘了凱撒大帝，光復了她的埃及王位，後來凱撒遇刺元老院，豔后又結識了安東尼大元帥，安東尼為豔后的愛情所俘虜，心悅誠服拜倒在她的裙下，伉儷二人統治了帝國東方，與西方的屋大維相抗衡，設若安東尼擊敗屋大維，埃及豔后，這個「萬王之女王」，豈不要成為羅馬與埃及的共主了？不過歷史站到了屋大維這一邊，屋大維擊破安東尼，逼得他引刀自殺，逼得豔后引毒蛇自殺。

看官或許會想，豔后何不色誘屋大維兄呢？你我常人都想得到，「聰慧女神」化身的豔后會想不到嗎？非不為也，乃不能也。豔后誘屋兄，屋兄不為所動，搞得豔后自尊心受傷害，憤然又淒然，美人到了末路，終於優雅地升天。

豔后啊豔后，你有所不知啊，姑且讓我這個事後諸葛亮跟你分析一下。首先，歲月如刀，刀刀催人老啊。你裹著個毛毯私會凱撒的時候，年方21，嬌滴滴青春逼人。你初會安東尼的時候，年方28，簡直就是一顆熟透的水蜜桃。可你想要征服屋大維的時候，已經39啦，年有點兒老色有點兒衰，女神如你，只怕也會打一點點折扣吧。其次，凱撒大帝，安東尼大元帥，屋大維奧古斯都，三

位英雄個性不同也，凱撒與屋大維比較類似，畢竟是養父子嘛，或許凱撒更加風流倜儻，屋大維更加冷靜現實，但他們都是可以掌控局勢的人，他們愛江山勝過愛美人。可是安東尼就不同了，安東尼根本就是一熱情如火的大情聖，他被女王迷得神魂顛倒，他對女王表白，「我的劍是絕對服從我的愛情的指揮的」（莎劇），言下之意，我安東尼就是您愛情的奴僕嘛。所以啊，總結一下，以豔后的自身資質而言，征服凱撒和安東尼易，征服屋大維難。以豔后的愛情對手而言，征服安東尼易，征服凱撒和屋大維難。這屋大維兩方面都叫你為難，實在是一塊難啃的骨頭，您沒有征服他反被他征服，也就不足為奇了。

拉拉雜雜又講了這麼多，可這與薰衣草精油又有什麼關係呢？當然有關係，女王之所以有如斯傾國的魅力，其天生麗質固然必不可少，誠如布萊茲‧帕斯卡在其不朽的名著《思想錄》中所說，「如果克麗奧佩特拉的鼻子長一點，或者短一點，世界或許就會不一樣」，真是美得恰到好處，端的是埃及的「東家之子」。

可是，女王的精油也令她有加分呢。依然是莎劇，《安東尼與克麗奧佩特拉》，英雄美人初相會，「畫舫之上散出一股奇妙撲鼻的芳香，彌漫在附近的兩岸」，這個香味，據歷史家和考古家的考證，便是精油的傑作。女王將精油使得出神入化，用它保養皮膚，用它沐浴熏香，用它顛倒眾生。

當然這個精油呢，倒未必是薰衣草精油，埃及豔后的往事，只是代表一般精油的一般特點，它會給美人加持，令美人加分。

講到這裡，大家，尤其是美女一定對精油動心了吧，可是大家千萬要小心，精油不是亂用的哦，要根據你的體質、皮膚、年齡等選擇，使用的時候也有一定的方法，要看好說明書啊。好比這個薰衣草精油吧，它有愈傷的妙用，有舒壓的神妙，可是，孕哺中的婦

一花一世界
080

女，和對它過敏的人，可千萬一個指頭也不要碰，實在想用，選別的精油好了。又不是孫二娘的黑店，只此一家，別無分店。

好了，千言萬語講了這許多，卻還沒有講薰衣草的花容呢，下面簡單描一下吧。

薰衣草隸屬於唇形科的薰衣草屬，名下有三十多種小小不同的薰衣草，這些個姊妹啊，固然千嬌百媚各有千秋，可是其美其色靈魂不變，總結一下就是：葉形修長如針，花莖亭亭玉立，枝頭輪傘花序，宛如花之寶塔，花葉莖被細毛，內裡暗藏油腺，芬芳的薰衣草精油，就是這油腺分泌出來的。

薰衣草的花色，可能是藍色、紫色、淡紫，偶見黑紫或淡黃，但其最經典的花色，要數「薰衣草色」，一種清麗脫俗優雅憂鬱的藍紫色。薰衣草的英文是Lavender，Lavender也指薰衣草色，如同Orange，Orange又是橘子又是橘色。

大家有見過薰衣草的花海嗎？這美景實在是難得一見的，除非是新疆的伊犁和甘肅的清水，那兩塊寶地是中國薰衣草的家園。薰衣草的花海呀，你若置身其中，實在猶如身臨童話世界的仙境，滿眼都是那種醉人的薰衣草色，間或也有一點點葉子的綠色作點綴作陪襯。

薰衣草的個頭並不高，常見的約在半米左右，所以啊，淑女若是徜徉在這樣的花海之中，花兒並不會把她給遮住，花兒會很好地襯出她的倩影，那個鏡頭啊，應該是「人面花兒相映美，仙境仙女多綽約」吧。

網路上有這樣一張照片，一個白衣粉裙的小女孩，提著花籃去採薰衣草，她沉浸在花海裡，只看到她的背影，她的頭髮和衣服被微風輕輕吹起，

金色的陽光灑在她的身上，她手裡的花籃已經采到半滿，她就那樣背對著你，充滿動感的背對著你，顯然是抓拍的，她身邊的薰衣草怒放著，瑰麗的花兒看來要將她融化，這張照片名為Angel in a Mirror（天使的寫真），嗯，真的是小天使的感覺，實在太可愛太美麗的說。

對了，大家若要欣賞如斯的花海，不光地點要選對，日子也得選對，因為薰衣草的花期是六月。所以，如果你要去伊犁或清水，或者拍那種寫真，最好選擇六月天吧。

薰衣草花怒放後，會分泌出甘美的花蜜，這些花蜜啊，當然是蜜蜂的最愛，蜂兒辛辛苦苦來來回回地釀蜜，終於釀成絕世的好蜜——薰衣草蜜，只是可惜這佳釀要給人類掠奪一大半，蜂兒你真可憐。談到這裡啊，驀然想到，蜂兒可真是個小天使，不光是採蜜，不光是釀蜜，蜂兒還要做花媒，撮合花兒陰陽交合千秋萬代呢。如果這個世界消滅了蜜蜂，只怕是花兒會歎息果兒會沒落，人類也將芫芫子立大禍臨頭了。所以，列位看官，請珍愛蜜蜂吧。可是，話說回來，薰衣草蜜，到底是怎樣的好蜜呢？

薰衣草蜜，是一種柔美細膩清甜可人的蜜，可是它的好啊，清香美味只是小節，它的功效才是王道，它有什麼功效呢？它可以安眠舒壓養容顏，有這樣三大神效啊，你說它好不好，可貴不可貴？所以美人們、明星們、人妻們、徐娘們，甚至老嫗們，壓力山大的爺們，當躁動、鬱悶、焦慮、衰老困擾你們的時候，不妨服用一勺薰衣草蜜吧，你一定會明心見性駐顏有術的。

薰衣草的花兒不但可以釀花蜜，而且可以搗成花醬做糖果，這花醬的色香味俱是一流，畫到蛋糕上點綴紋飾也是蠻好看蠻可口的。大家若是沒有吃過，那就想像一下吧，那個香味和味道固然想像不出來，但是那個色彩，奶油的白色和花醬的藍紫色配在一起，是不是有像在白雲中飛舞的藍色妖姬呢？

所以有機會啊，大家一定要用眼睛和舌頭好好鑑賞這塊麗的花醬。

　　另外，薰衣草的乾花還可用於烹飪，她可以勾出花兒的幽香和清甜的味道，令菜餚加分。乾花還可製花茶，亦可將薰衣草精油滴到水中調成精油茶，她們均可舒緩心情溶解憂慮，適合在睡前飲用。乾花和種子還可以塞到枕頭裡製成薰衣草花枕頭，催眠的效果一流，大家可以嘗試一下。

　　紅樓裡有一幕絕美的「憨湘雲醉眠芍藥茵」，話說湘雲猜拳飲酒飲多了，嬌軀不勝酒力，是真名士自風流，湘雲就著一塊大石板就睡著了，然後呢，天女散下芍藥花，蓋了湘雲一身，香花美人，風流一時無兩。這芍藥花固然是好啊，可是，湘雲若是枕著薰衣草醉眠，應該會睡得更爽吧，絕對不會濃睡不消殘酒的。

　　好了，薰衣草，終於可以說再見了，希望大家珍愛她善用她。可是，薰衣草又有點陰魂不散，因為接下我要談一下她的陰魂──甘松。為什麼要談甘松呢？因為大家值得知道。為什麼說甘松是薰衣草的陰魂呢？其實有點勉強啦，是這樣的：古希臘人稱薰衣草為Nardus，簡稱Nard，但是Nard原是指甘松，甚至在今天的英文中，甘松仍是Nard，或者Spikenard。古羅馬作家老普林尼在他的名作《博物志》中曾列舉和鑑別了12種Nard，其中就包括薰衣草和甘松，那麼由此可見呢，這兩種植物是頗有淵源的。其實最大的淵源，在於她們都可以提香，提煉出非常出色的香。

　　甘松並不是唇形科的，她是忍冬科的，說忍冬大家可能不熟悉，但是說金銀花大家就一定不陌生了。忍冬就是金銀花，就是那個可以提取金銀花露的金銀花。甘松就是和忍冬一夥的，都在忍冬科。甘松是嬌小的草本，大的也只能長到1米，夏天會開粉色鐘形的花朵。

甘松提煉的香精油極其芬芳馥郁，它的顏色是琥珀色的，它的中文由Nard直譯為「哪噠」。哪噠在基督教中具有崇高的地位，因為聖經原文多次提到了它。好比《雅歌》，《雅歌》相傳是上帝所賜的最有智慧的所羅門王所作的一首愛情詩，其原文當然是希伯來文，其英文譯作Song of Solomon（所羅門之歌）或Song of Songs（歌中之歌），「歌中之歌」，這標題的意境就實在是太美麗了，事實上，這首情詩的確是美輪美奐纏綿動人，愛詩者不可以不讀。

好了，現引一段關於「哪噠」的詩文：「我妹子，我新婦，乃是關鎖的園，禁閉的井，封閉的泉源。你園內所種的結了石榴，有佳美的果子，並鳳仙花與哪噠樹。有哪噠和番紅花，菖蒲和桂樹，並各樣乳香木、沒藥、沉香，與一切上等的果品。你是園中的泉，活水的井，從黎巴嫩流下來的溪水。」這一小段，用各種上好的香木和佳美的果子、泉、井、溪水來形容「我新婦」和她的身體，真是無與倫比的修辭。孔夫子讚美《關雎》乃是「樂而不淫哀而不傷」，竊以為《雅歌》也有異曲同工之妙。

除了《雅歌》，再如《約翰福音》，這裡講到一個有趣的故事，耶穌來到伯大尼（耶路撒冷附近的一個小城），會見他的朋友馬大、馬利亞、拉撒路等，耶穌坐席的時候，「馬利亞就拿著一斤極貴的真哪噠香膏抹耶穌的腳，又用自己頭髮去擦，屋裡就滿了膏的香氣，那將要賣耶穌的猶大見了心疼，說：「這香膏為什麼不賣三十兩銀子周濟窮人呢？」耶穌說：「由她吧！她是為我安葬之日存留的。因為常有窮人和你們同在，只是你們不常有我。」那

麼這裡呢，可以看出哪噠多麼貴重，猶大多麼會算錢，耶穌多麼大器。

《馬可福音》講到另外一個故事，「耶穌在伯大尼長大麻瘋的西門家裡坐席的時候，有一個女人，拿著一玉瓶至貴的真哪噠香膏來，打破玉瓶，把香膏澆在耶穌的頭上。」旁人依舊非難那個女人，耶穌依舊悅納她的行為。

大家看，由於哪噠曾經抹在主耶穌的身上，那麼她在基督教的地位該有多麼崇高，也就不言而喻了吧。

7、百里香

百里香，顧名思義，芬芳馥郁國色天香，她也是隸屬唇形科的佳麗。周杰倫有一首歌叫《七里香》，字面上看來，百里香比七里香還要厲害呢。不過七里香也不是好惹的，七里香所指很多，月橘、海桐、木香甚至雞屁股都在某些地方稱為七里香，其中的月橘可厲害了，月橘也被稱為七里香、九里香、十里香、千里香、萬里香，這牛皮吹的。所以她倆啊，好比小孩子鬥嘴，你七我就百，你百我就千，看誰牛皮大。不過也不用較真啦，七里百里都是虛指，伊們都很香就是了。

百里香又名麝香草、地椒、地花椒、山椒、山胡椒等，由此可見她是一種香辛料，事實上，在西方她是一種重要的調味料，尤其是在燉肉、煨湯的時候，要

早早地下鍋，才能充分釋放她的濃香，這一點和羅勒不一樣，羅勒要最後下鍋，因為羅勒香燉久一點就會喪失。

那麼在中國呢，百里香產於西北，也就是戰國霸主秦國那一帶，李時珍在《本草綱目》中記載：「味微辛，土人以煮羊肉食，香美。」

百里香是多年生草本，高度約有40釐米，她的外形呢白描一下：莖兒纖細多分枝，枝有花枝無花枝，葉兒對生小鵝卵，花枝端頭見輪傘，細看輪傘小花序，優雅卓立紫粉白。她的花期也是夏天。

百里香有許多迷人的故事，其中最最迷人的當屬「女神之淚」。故事的背景，仍是赫赫有名的特洛伊戰爭。特洛伊戰爭的起因，是特洛伊王子帕里斯拐走了斯巴達王后海倫，然後引起希臘人的報仇雪恥。但這只是牌面上的原因，其實冥冥之中有諸神在搞鬼。

暗牌是這樣的：

希臘城主珀琉斯，娶了女神忒提斯。賢伉儷者何許人？阿基里斯椿與萱。諸神受邀入婚宴，唯獨漏掉厄里斯。不和女神厄里斯，面不改色心冷笑。不請自來鬧宴會，贈君一顆金蘋果，蘋果鐫刻「致最美」。三位傲嬌女大神，天后赫拉笑吟吟，智慧女神雅典娜，愛美阿芙羅狄忒，反目成仇爭榮耀。

君王宙斯不願裁，推給凡間花美男。花美男子何者誰？特洛伊城小王子，風流倜儻帕里斯。女神下凡詢王子。赫拉誘他以權勢，天下萬國你作主。端莊秀麗雅典娜，從我就有大智慧。國色天香愛美神，春顏秀髮嬌美姿，杏眼微醺啟朱唇，柔音悅耳迷眾生：人間最美俏佳人，將來給你作老婆。

多情王子帕里斯，不愛江山愛美人，毅然決然要老婆，蘋果判給阿芙羅。愛美女神牽紅線，王子海倫悅相見。阿丘比特奉母命，

金箭射中鴛鴦心。恨不相逢未嫁時，老娘嫁了又何妨？趁著死鬼不在家，悍然私奔特洛伊。

好了，梁子就是這樣結下的。那麼，「女神之淚」又是怎麼回事呢？話說特洛伊戰爭啊，雙方激鬥了十年，阿芙羅狄忒，因為帕里斯的緣故，身為特洛伊的守護神，看到戰士們那麼英勇地保家衛國不死不休，她深受感動而潸然淚下，她的眼淚，就化成了百里香。所以百里香的雅名就是「女神之淚」。

「女神動容看勇士，珠淚化為百里香」，由於這個故事，百里香後來又有了「勇氣」的隱義。古時候西方打仗的前夕，婦人常常會在丈夫或情人的戰袍縫上百里香的圖案，就是為了祈願百里香能夠帶給她們心上人勇氣和幸運。

百里香不但打仗的時候管用，求偶的時候也管用呢，如果你很羞澀，不敢去追女孩子，不如死馬當活馬醫，暢飲一杯百里香茶好了，有了「女神之淚」的加持，你一定會克服恐懼、豪氣頓生的，愛與美的女神也會祝福你的，不妨試一試吧，就當個心理安慰也挺好的。

百里香的香味兒優雅，據說希臘人社交的時候會誇讚對方，「你有百里香的味道」，這就是在讚美他的氣質高雅，令人如沐春風，這麼好的香味兒，是人也好，是物也好，有機會可真得見識見識，受一點兒雅致的薰陶。

牡丹對芍藥

牡丹：我是花王。

芍藥：那我就是花相。

牡丹：為什麼？

芍藥：因為我的花容可媲美你的月貌。

牡丹：說得倒是不錯，阿妹，你是花相，你就代理我執掌花
　　　界的權柄吧。

芍藥：我是芍藥。

牡丹：那我就是木芍藥。

芍藥：為什麼？

牡丹：因為我倆的花兒神似，而你是草本，我是灌木。

芍藥：阿姊，你的確是木芍藥。

　　牡丹和芍藥，同在芍藥科芍藥屬，她們的花形是非常相類的，
簡單的說都是：外面幾重天鵝絨質地的花瓣，圍著數百支黃色的雄
蕊，雄蕊的中間又如眾星捧月一般簇擁著幾支雌蕊，整個兒給人的
感覺就是花開富貴、雍容典雅，難怪牡丹叫「花王」、「富貴花」
呢，難怪芍藥叫「花相」呢。

　　若論花色，牡丹芍藥，均有白色、紅色、粉紅、紫色、黑色
等，色彩瑰麗明媚，令人目不暇給。

　　談談她們的芳名。牡丹何以叫「牡丹」呢？牡指大，丹指紅，
所以牡丹就是「大紅花」。牡丹花很大嗎？真的很大，花徑約有

20釐米，一個人頭那麼大，不愧是花中之王，氣勢逼人。至於丹紅，牡丹不是還有白牡丹、黑牡丹、紫牡丹嗎？為什麼不叫牡白、牡黑、牡紫呢？您想想，牡白、牡黑、牡紫好聽嗎？渾不如牡丹之琅琅上口、優雅動聽。另外，牡丹中的上品是紅牡丹，所以拿紅牡丹來統攝各種牡丹，也挺合適的。

那麼芍藥呢？芍藥何以名「芍藥」？很簡單，因為芍藥的根可以入藥。芍藥根分為白芍和赤芍：養植芍藥的根肥，剝皮就得到「白芍」，野生芍藥的根瘦，這就不能剝皮了，它的皮是紅色的，所以叫「赤芍」。白芍赤芍均有通經鎮痛的妙用，可謂是「女性之友」。

芍藥根可以入藥，其實牡丹的根皮也可以入藥，這根皮雅名「丹皮」，有清熱鎮痛的妙效。

牡丹和芍藥在西方常常是不分的，她們在英文中都是Peony，在法文中都是Pivoine，可能是因為這些東方花卉，很晚才傳入西方的緣故吧。

牡丹和芍藥的花期是錯開的，諺云「穀雨之朝看牡丹，立夏之朝看芍藥」，牡丹多在四月下旬開花，而芍藥多在五月中旬開花，牡丹謝後，芍藥花開，芍藥挺聰明的，不和花王爭鋒頭。

牡丹的花語是什麼？當然是「富貴」。周敦頤不是說「予謂菊，花之隱逸者也；牡丹，花之富貴者也；蓮，花之君子者也」？贈人玫瑰手有餘香，那麼贈人牡丹呢，就是贈人富貴了，多麼討喜啊！

中國有許多美輪美奐的牡丹詩，下面我們一一來賞析。譬如唐朝李正封的《牡丹詩》：「國色朝酣酒，天香夜染衣，丹景春醉

容，明月問歸期」，李大人一邊賞花一邊飲酒，鮮花美酒，愜意無邊，從早上玩賞到晚上，仍然意猶未盡樂不思蜀，以致天上的明月都開了金口催他「您怎麼還不回家啊？」，這個催當然是幻想，只怕是他家裡的老婆在催他吧。詩中這種賞花的瀟灑和風雅，真是令我們現代人豔羨和神往。也正是因為這一首詩，牡丹方有了專屬於她的形容詞——「國色天香」。

李白也有一首清麗動人的牡丹詩《清平調》，這首詩的前前後後還有一些曲折委婉的故事。故事是這樣的，有一天，唐玄宗和楊貴妃在大內沉香亭賞牡丹，彼時牡丹花正開得明豔動人，楊貴妃又是絕色的美人，唐玄宗看著眼前的鮮花美人，怡然自得、心花怒放。彼時有伶官在旁邊彈唱樂詞，唐玄宗忽然靈機一動下旨道，「賞名花，對妃子，焉用舊樂詞為？」可是不用舊樂詞用什麼詞呢？可別忘了唐玄宗有李白，李白時任大唐翰林學士（彼時文人中精華之精粹），唐玄宗遽命李龜年「持金花箋宣賜翰林學士李白立進《清平調》三篇」，於是李白很快就進獻了這三篇《清平調》：

其一：

雲想衣裳花想容，春風拂檻露華濃。若非群玉山頭見，會向瑤台月下逢（有如天仙）。

其二：

一隻紅豔露凝香，雲雨巫山枉斷腸（有了貴妃，不羨神女）。借問漢宮誰得似？可憐飛燕倚新妝。

其三：

　　名花傾國兩相歡，長得君王帶笑看。解釋春風無限恨，沉香
　　亭北倚欄杆。

　　李白的這三首詩，又贊貴妃的花容，又描牡丹的驚豔，又羨君
王的賞心悅目，根本就是善頌善禱而又不顯媚俗，李白因此深得皇上
和貴妃的歡心。可是，天有不測之風雲，還是這首詩，冥冥之中竟令
李白告別了宦途，這是為什麼呢？這就要從另外一個有名的故事──
《力士脫靴》講起了。

　　話說有一天，李白陪皇上在宮中飲酒，高力士隨侍在側，李白
不但是詩仙他還是酒仙啊，不知不覺就喝大了，他本是狂狷俊逸的
文學大神，「安能摧眉折腰事權貴，使我不得開心顏」，這下有了
酒，狂氣又加三分，他忽然對高力士說道，「去靴！」高力士攝於
他的氣勢如虹，還真給他去了靴，可是高力士平日裡也是自尊自愛
的一個人，平生只服侍皇上一個人，今兒居然受了李白這小子的擺
弄，高力士深以為恥，他要借機報復。唐末的貫休和尚有詩云：
「一朝力士脫靴後，玉上青蠅生一個」，說的就是這一段恩怨。

　　有一天，楊貴妃正開心的吟唱《清平調》，細細體味詩中的
餘韻，機靈的高力士就湊了過來，說，「娘娘，我還以為您會恨李
白入骨呢，為何您還要喜歡他呢？」楊貴妃覺得很奇怪，「難道他
有譏誚我嗎？」高力士給她開竅，「借問漢宮誰得似？可憐飛燕
倚新妝。──李白這是將您比作紅顏禍水趙飛燕啊，這不是輕侮您
嗎？」楊貴妃果然鬱悶了，因為高力士有理，趙飛燕雖然是歷史上
有名的美人，雖然貴為漢成帝的皇后，貴為漢哀帝的皇太后，可
是，她卻只是寒微的歌妓出身，她的風評和下場也很不好。為什麼

飛燕的風評和下場都不好呢？因為她有一個妹妹趙合德。

趙合德也是歷史上的名美女，她的美麗和魅力甚至凌駕其姊之上。合德到底美到何種程度呢？中文裡有一個形容美人玉體的詞叫「溫柔鄉」，這個妙語就出自漢成帝讚美趙合德，「吾老是鄉矣，不能效武皇帝求白雲鄉也。」就是說，有了合德，老子神仙也不要做了。由此可見趙合德的美麗和魔力。

趙合德雖然如此明豔動人，可惜啊，她的內心和她的外表不能相稱，她內裡是一個狠毒的妒婦。可是，合德有什麼好妒嫉的呢，她不是集三千寵愛在一身嗎？因為合德不能生育，飛燕也不能生育，於是，合德特別嫉恨別的妃子生育。趙合德是支配力特強的女人，再搭配上她那天下無雙的容顏和媚功，漢成帝根本唯她之命是從。皇宮中有兩個女人——曹美人和許美人——都為漢成帝生了皇子，可是都被趙合德脅迫皇帝害死了，結果後來漢成帝縱欲身死，他的皇統絕了嗣，接班人只好從旁支過繼。趙合德製造的那兩幕人倫慘劇，趙合德固然是主謀，漢成帝則更是一個莫名其妙的小丑，當父皇當到這個份上，歷史上恐怕是絕無僅有了。可是皇上終究是不能怪責的，要追究責任的話，趙家姐妹就大禍臨頭了，而漢成帝之死，還是死在合德的床上，如此新帳舊帳一起算，合德就倒楣了，皇太后王政君（漢成帝的母親）下令審訊趙合德。趙合德的確是個聰明的女人，她預料到被審訊的羞辱和折磨，於是憤而自殺。

趙飛燕的情況要好一點，她因為擁立旁支的新皇帝漢哀帝有功，勉強保住了新任皇太后的寶座。可是，趙飛燕為趙合德背了一個大黑鍋，叫做「燕啄皇孫」。在漢成帝的生前，社會上便廣為流傳一首童謠：「燕燕，尾涎涎，張公子（皇帝的玩伴），時相見。木門倉琅根（宮門），燕飛來，啄皇孫。皇孫死，燕啄矢。」在中國文化裡，童謠那可不是一般的靈驗，那簡直就是百分之百的靈

驗，果不其然，趙飛燕來了，尤其是還帶來了她的妹妹趙合德，於是皇孫（王政君的皇孫）死了，皇孫死了，合德和飛燕也先後不得好死，燕啄矢就是啄箭，燕子啄箭還不是找死嗎？

飛燕怎麼不得好死了呢？她是漢哀帝的皇太后，漢哀帝是歷史上鼎鼎有名的同性戀皇帝，他因為和董賢的「斷袖之癖」而名留青史，這樣一位老兄，因為在位期間過於荒淫無度，終於在執政七年之後，以二十六歲低齡而早逝。漢哀帝死了，飛燕的保護傘也就沒了，新帝漢平帝即位，太皇太后王政君的侄兒兼漢平帝的岳父王莽攝政。超級強人王莽可不是吃素的，他登臺伊始便將漢成帝的皇后趙飛燕和漢哀帝的皇后傅黛君一同貶為庶人，並命她們去為亡夫守陵，兩位皇后受不了這番折辱，於是一起自殺。「皇孫死，燕啄矢」，到底還是應驗了。其實飛燕挺冤的，她並沒有幹什麼壞事，只是受了妹妹的牽連。

可是不管怎麼樣，趙飛燕的風評和下場的確是很不好了，於是楊貴妃受了高力士的蠱惑就真的很不爽了，於是楊貴妃恨上李白了，於是李白的仕途就毀了，因為沒有什麼風比枕頭風更厲害的了。請看一段《新唐書‧李白傳》的原文：「帝愛其才，數宴見。白常侍帝，醉，使高力士脫靴。力士素貴，恥之，摘其詩以激楊貴妃。帝欲官白，妃輒沮止。白自知不為親近所容，懇求還山。帝賜金放還。乃浪跡江湖，終日沉飲。」唉，詩仙大人從此遊歷江湖、浪跡天涯。

不過，雖然楊貴妃和高力士扼殺了李白的仕途，可是換個角度想想，這對中國文學倒是有莫大的貢獻。試想一下，李白若是在皇上面前得寵，恐怕他的浪漫不羈的文學氣質就要打個對折了，李白若是失去了浪漫不羈，他還會成為詩仙嗎？

再談談楊貴妃，貴妃絕對想不到，無論她多麼不情願被比作

趙飛燕，她和趙飛燕還是成了一對彼此輝映的好姐妹，所謂「環肥燕瘦」，所謂「紅顏禍水」，冥冥之中有一條線將她們倆捆綁到了一起，甚至，她們的香消玉殞也一樣委屈和淒美。趙飛燕被逼自殺，楊貴妃則是由於禁軍的逼迫，由皇上賜死於馬嵬驛的佛堂中梨樹下，「玉容寂寞淚欄杆，梨花一枝春帶雨」，紅顏薄命，美人遲暮，令人惋惜。楊貴妃也死得挺冤的，她也沒幹什麼壞事，只怪她有一個堂兄叫楊國忠。

唐玄宗晚年的時候，內政信任楊國忠，邊將信任安祿山，可惜這兩個人他都用錯了。楊國忠和安祿山不但不好好幹活兒，反而互相爭鬥，在皇上面前爭風吃醋，結果後來安祿山被惹毛了，他提前造反了（他本來感念唐玄宗的恩情，打算等玄宗駕鶴西歸了再反的），他打出的口號就是「討國忠，清君側」。

安祿山這一反哪，那可不得了，唐王朝被攪得雞飛狗跳、風雨飄搖，唐玄宗眼看打不過安祿山，在楊國忠的建議之下逃往四川（這個建議今天看來還是蠻高明的），可是逃到中途，到了馬嵬驛這個地方，一眾將士饑渴疲憊、內心憤怒，軍中激起了嘩變，將士們憤憤然殺了眼中的罪魁楊國忠，可是又害怕楊貴妃秋後算帳，於是他們又逼迫皇上處死他們眼中的「紅顏禍水」楊貴妃，唐玄宗被逼無奈，只好忍痛令高力士用刑，《長恨歌》中「六軍不發無奈何，宛轉蛾眉馬前死」，講的就是這一幕悲劇。

好了，這就是李白和楊貴妃、高力士之間的一段恩恩怨怨，楊貴妃和高力士成全了李白。

下面還是繼續聊牡丹花吧。其實牡丹不但外表雍容華貴，她還有一副錚錚的傲骨呢，此話怎講呢？請看《鏡花緣》中的一個神話。

話說武則天做了女皇，有個冬天兒她和上官婉兒賭酒吟詩，

婉兒每作一首瑞雪詩，她就得飲一杯酒，可是婉兒實在是無雙的才女，起初是一首詩對一杯酒，後來就慢慢加到了十首詩對一杯酒，可饒是如此，武則天還是醉了。女皇一醉發起顛兒來，那就沒有人罩得住了。

武則天看到庭院中怒放的蠟梅，花色粲然、清香撲鼻，不由龍心大悅，她令人給蠟梅花掛紅綾、賞金牌，大大地嘉賞它。可是酒醉的女皇還沒完，她覺得「聖天子百靈相助」，現在蠟梅花開給她陶情，私心想來別的花兒也會討她歡喜而開的，她的原話特別有意思，「我以婦人而登大寶，自古能有幾人？將來真可上得《無雙譜》的。此時朕又豈止百靈相助，這些花卉小事，安有不遂朕心所欲？即使朕要挽回造化，命他百花齊放，他又焉能違拗！你們且隨朕去，只怕園內各花早已伺候開了。」這一段話講得虎虎生風，叫人好生折服，不過要想「挽回造化」，實在是強人所難了。

武則天不顧太平公主和上官婉兒的勸阻挾著她們和一眾宮女太監去遊歷皇家花園群芳圃和上林苑。大家先到了群芳圃，女皇當然弄了個大紅臉，只見蠟梅、水仙、天竺、迎春等冬花盛開，其他花兒怎麼會開呢？別說開花了，連個青葉都沒有。女皇羞得無地自容，幾乎酒全醒了，這時一個好事的小太監過來給女皇找臺階下，「奴婢才到上苑看過，那邊也同這邊一樣。據奴婢看來，大約眾位花仙還不曉得萬歲要來賞花，所以未來伺候。剛才奴婢已向各花宣過聖意，倘萬歲親自再下一道御旨，明日自然都來開花了。」酒沖腦門兒的女皇還真信了，於是她孟浪寫了一道聖旨，「明朝遊上苑，火速報春知，花須連夜發，莫待曉風催。」寫完後，她命人貼到上林苑張掛，以期眾位花仙接旨聽令，公主和婉兒在一旁暗暗好笑。不過神話就是神話，在神話裡面，花草樹木也得聽女皇的話。第二天一早女皇大夢初醒，深深懊悔，怎麼幹出這麼荒唐的事

兒了呢？

　　可是還好，早有司花太監來報各處群花大放，武則天這才鬆了
一口氣，心花兒也怒放了，馬上宣公主和婉兒一同遊園。女皇再臨
御花園，眼見果然是百花齊放、有如春色，女皇高興極了，可是忽
然發現唯有牡丹花沒有開放，女皇平日裡對牡丹猶為愛護，勝於其
他的百花，可現在只有牡丹和她唱反調，教她能不著惱？武則天怨
恨不過，於是下令燒毀御花園中的牡丹。還好太平公主解圍了，她
說牡丹花兒大開放不易，請求女皇再寬限半日，若再不開，再治其
罪，這樣花兒有知的話，也不會有怨恨了。這番話入情入理，於是
女皇答應了。

　　可是，牡丹花為什麼沒有開呢？在這一篇神話裡，花兒是由花
神管理的，在各位花神之上，還有一位總花神，這位總花神就是百
花仙子。武則天降旨的那一天，各種小花仙子都知曉了，可是，百
花仙子卻跑到麻姑那裡下棋去了，百花仙子就不知道了。百花仙子
以降，牡丹仙子為長，因為牡丹是花王嘛，牡丹仙子覺得這樣不看
時令百花齊放實在有違天理，於是就不樂意去承旨，她到處風塵僕
僕地去找百花仙子，要聽她老人家的主張。可是武則天催得緊啊，
「莫待曉風吹」，其他花仙子慢慢都扛不住了，只好陸續開花。牡
丹仙子在那蓬萊仙山上四處訪問，怎麼都找不到百花仙子，回家一
看姐妹們都承旨開花去了，她惟恐獨個兒違了聖旨，無可奈何只得
也到上林苑開花去了。這樣，牡丹花總算是及時開了，武則天的怒
氣也消解掉了，可她總是有一點點難以釋懷，於是悍然下令將宮中
的牡丹貶出京城，遷到洛陽。

　　所以今天啊，洛陽的牡丹花最有名了，歐陽修的《洛陽牡丹
圖》有贊道，「洛陽地脈花最宜，牡丹尤為天下奇」。劉禹錫《賞
牡丹》有云：「唯有牡丹真國色，花開時節動京城」，白居易《牡

丹芳》則說：「花開花落二十日，一城之人皆若狂」，劉白兩人所說的京城，其實指的是長安，因為唐朝的時候，長安的牡丹才是最好的，「武則天貶謫牡丹花」那畢竟只是一個神話，長安的牡丹由於唐末的戰火而衰落，洛陽的牡丹，大抵是到了宋朝才開始獨領風騷的，但是我想，彼時長安牡丹如此，後世的洛陽牡丹應該也不遑多讓吧。

由此可見，千年帝都，牡丹花城，大家不可不去領略一番。再看看這個神話，武則天和牡丹花鬥氣，是不是挺有意思？牡丹花是不是挺有風骨的？雖然她沒有死抗到底，但僕覺得她已經做到了最好，再死抗的話魚死網破固然也是殺身成仁，但是屈折中戰鬥也不失為一種明智的選擇。

花開兩朵，各表一枝，下面聊聊芍藥吧。芍藥的花語是什麼呢？是「離別」，中國歷來就是以芍藥贈離人，表達自己的依依惜別之情。「多情自古傷離別，更那堪冷落清秋節」，柳永在東京城郊贈給情人的，想必也是芍藥吧。

芍藥還有一個雅名叫「婪尾春」，這是因為百花齊放的春色叫人貪婪，而芍藥卻是在春天的末尾才開放，這個名字真的還蠻愜當的。詩經裡有一首清麗有趣的《溱洧》（zhēn wěi，兩條河）：「溱與洧，方渙渙兮。士與女，方秉蕑（蘭花）兮。女曰觀乎？士曰既且，且往觀乎？洧之外，洵訏且樂。維士與女，伊其相謔，贈之以芍藥。」這裡為什麼要贈芍藥呢？因為士和女，也就是青年男女在河邊遊玩之後，終於要惜別了，心中不捨，於是贈以芍藥，表白心跡。由此可見，戀愛中的男女，玫瑰並不是你們唯一的最好的選擇，有的時候送芍藥也蠻應景蠻有氣質的。

再看秦觀的《春日五首》之一，「一夕輕雷落萬絲，霽光浮瓦碧參差。有情芍藥含春淚，無力薔薇臥曉枝。」雨後的芍藥和薔

對

芍

藥

097

薇，一個含春淚、一個臥曉枝，猶如兩位楚楚可憐的美人，令人動容。由此亦可見芍藥之美、薔薇之豔。

哪兒的芍藥花最好看？當然是揚州了，有言道「天下名花，洛陽牡丹，揚州芍藥」，所以有朝一日啊，大家若是「腰纏十萬貫，騎鶴下揚州」，可千萬別忘了看看揚州的芍藥，當然時間得是五月，五月才有芍藥花開。

日本人形容美女的風儀形容得很好，「立之如芍藥，坐之如牡丹，步之如百合」，此話怎講呢？前文講過，芍藥是草本，牡丹是灌木。芍藥花總是亭亭玉立在芳草的頂端，牡丹花卻總是雍容端坐在樹枝頭。至於百合花呢，花形修長猶如長袖善舞的仙女，伊在薰風之中徐徐搖曳的樣子，是不是很像美人在優雅漫步呢？

所以美女們，姿態可要拿捏好了，「立之如芍藥，坐之如牡丹，步之如百合」，這樣才會成為出類拔萃的女神。

薔薇三女神

　　薔薇科是一個很有趣的科，裡面有許多我們很熟悉的植物，比如蘋果屬的蘋果，梨屬的梨，梅屬的梅、李、桃、櫻桃、杏，草莓屬的草莓，木瓜屬的木瓜，懸鉤子屬的樹莓（覆盆子），大家看，這麼多種多姿多彩的水果都是薔薇科的。其實薔薇科還有一個令人驚豔的屬，那就是——薔薇屬。

　　薔薇屬有三種女神一般的花兒：玫瑰、月季、薔薇。其實這三女神在西方是不分的，英語統一叫Rose，德語統一叫Die Rose，但是從分類學的角度，這的確是三個不一樣的種，所以西方用拉丁語做了辨別，玫瑰叫Rosa Rugosa，月季叫Rosa Chinensis，薔薇叫Rosa Multiflora，Rosa就是薔薇屬的意思。

　　其實較起真來，英語對三種花兒也做了俚語式的辨別，玫瑰叫Classic Rose（經典玫瑰），月季叫Morden Rose（現代玫瑰）或China Rose（中國玫瑰），因為月季是由中國傳入西方的，薔薇最有意思了，叫Baby Rose（嬰兒玫瑰）或Seven-Sisters Rose（七姐妹玫瑰），為什麼呢？

　　因為薔薇花是小朵叢生的，花兒小，所以是Baby Rose，約莫七朵花兒聚在一塊兒綻放，所以是Seven-Sisters Rose。薔薇花小到什麼程度呢？這個要和玫瑰、月季做一下比較：玫瑰、月季的花兒直徑6～9釐米，而薔薇花的直徑只有1.5～4釐米，的確差蠻多的。另外，玫瑰花、月季花都是單生的，不會像薔薇花一樣聚生在一個枝頭。

　　因此，薔薇很容易辨別，難以辨別的是玫瑰和月季。她倆如何辨認呢？我們先從花名談起。

玫瑰何以叫「玫瑰」？「玫瑰」二字，均是斜玉旁，本義是「紅色的美玉」，那麼玫瑰真有「紅色的美玉」嗎？有的，就是玫瑰果。玫瑰果，玫瑰秋季結的小球果，珠圓玉潤紅豔怡人，端的非常漂亮，端的是一塊「紅玉」。如果說玫瑰花是飛燕的話，那玫瑰果就是玉環，那麼集環肥燕瘦於一身的玫瑰，你說美不美呢？開花之後才能結果，玫瑰的花期大致在五月到六月，夏末初秋的玫瑰甚至可以同時看到花和果，因為這時有些花兒還沒謝，有些花兒卻已修成了「正果」。好了，這是玫瑰的果子，那麼月季結不結果呢？

　　月季也結果的，但是，月季果的色澤很黃，不如玫瑰果那樣紅彤彤的嬌豔欲滴，所以，月季果算不得「紅玉」，唯有玫瑰果才是「紅玉」。

　　好了，由「玫瑰」的芳名我們知曉了玫瑰和月季的第一個重要分別，果兒不一樣。

　　接下來，我們再來聊聊月季的芳名，為什麼叫「月季」呢？前面講過，玫瑰的花期大致是五月六月，可是月季呢，只要溫度合適，她每一個季節的每一個月都可以開花（冬天需要暖日），正因為她月月開花季季開花才叫「月季」嘛！

　　月季昵稱「月月紅」──每個月都會開花、都會紅，看來明星們真該在家中多養幾盆月季，討一個長紅的彩頭。由這個花期大家看出她們第二個不同了吧，月季是「月月紅」，玫瑰卻只是「夏日紅」，花期差太多了。不過這麼說的話，大家可能會聯想到每年的二月十四日情人節，情人節送的玫瑰難道不是玫瑰而是月季嗎？正是如此，可是大家千萬不要認為自己上當受騙。因為情人節本是洋節，英文叫Saint Valentine's Day（聖瓦倫丁節），瓦倫丁是一位基督教的教士，他可能是一位聖徒，也可能是一位情聖，也可能兩者都是，反正為了紀念這位有情的聖人，宗教和愛情一起締造了這

個風靡全世界的浪漫節日。

西洋人在這個洋節裡送的定情信物自然是Rose，可是他們是不分玫瑰、月季、薔薇的，所以這個風俗傳到中國，就面臨著一個翻譯的問題，這個Rose按道理講應該是月季，因為二月十四日的冷天裡只有月季才能開，可是，或許是翻譯家覺得翻譯成「玫瑰」更應景一點吧，玫瑰之名確實比月季更好聽、更甜美、和情人節更加相宜，所以，就翻譯成「玫瑰」了。另外，現代月季是經過園藝家各種雜交選種得到的，她們其實也雜糅了經典的玫瑰、月季、薔薇的許多基因，從這個角度講，叫「玫瑰」也可以的。所以呢，約定成俗謂之宜，「生活中的玫瑰」，不妨對應為西方的Rose，它們包括了玫瑰、月季、薔薇，只是「植物學中的玫瑰」要與月季、薔薇相區別。

好了，整理一下吧，欲瞭解玫瑰與月季之別，先要知曉雙姝芳名之由來。玫瑰，果兒如紅玉，月季，花兒月月開，所以雙姝之別，在於果子和花期。那麼，還有沒有次要一點的差別呢？有的，在刺和葉。玫瑰是有名的刺花兒，她的刺非常非常密集，絕對是可遠觀而不可褻玩的，再加上其花期短，這就決定了玫瑰不適合做切花，而月季的刺兒就稀疏多了，她比較適合切花，也方便情侶們上下其手、你儂我儂。至於葉子呢，玫瑰葉有褶皺，猶如一張老人臉，而月季葉平整光滑，猶如一張嬰兒臉。

三女神中誰最靚？大家一定要說玫瑰了對不對？其實不是。玫瑰的芳名的確最美，玫瑰的果兒的確無雙，可要比花兒，那就當屬月季了。不過嚴格來講，不是原始的中國月季，而是現代月季，或者說雜交月季。現代月季是園藝家用多種品種的月季、薔薇、玫瑰雜交遴選出來的，但其中最最重要的親本，正是中國月季「月月紅」，因為有了月月紅基因，才能月月開花季季開花，才

蘊含著巨大的商機。中國月季，大致是在乾隆年間君臨西方世界的，再和當地的各種玫瑰、薔薇雜交並經過園藝家幾百年的選育之後，現如今已誕生了許多絕佳的品種，比如「林肯先生」、「和平」、「天使臉」、「維多利亞女王」、「克萊斯勒帝國」、「雙喜」、「明星」、「藍月亮」等，端的是爭奇鬥豔、各有千秋。其中，僕忍不住要談一談經典中的經典——「林肯先生」（Mister Lincoln）。

「林肯先生」是在1964年由美國園藝家育成的，直到今天，依然是美國的月季評選標準花。伊為什麼叫「林肯先生」呢？這就要從林肯總統談起了。

1860年11月6日，美國，共和黨人亞伯拉罕・林肯當選為美國第十六任總統。在當時的美國，北方各州是自由州，南方各州是蓄奴州，而共和黨是主張限制甚至廢除奴隸制的，所以林肯的當選讓南方各州非常緊張，南方情急之下脫離「美利堅合眾國」另起爐灶搞了一個「美利堅聯盟國」，中央的聯邦政府當然不予承認，雙方矛盾無法調和，終於在1861年4月12日，南北雙方爆發了「南北戰爭」。所以「南北戰爭」，你可以說是「廢奴戰爭」，也可以說是「統一戰爭」。戰爭僵持了四年，直到1865年4月9日，終以北軍獲勝南軍投降而收場，而南方各蓄奴州的奴隸制度也被一併廢除，南方浴火重生成為自由州。

由此可見，林肯總統對於天賦人權的捍衛，對於維護國家的統一，那可真是勞苦功高、青史流芳，深受美國甚至世界人民的喜愛和仰慕。但可惜的是，戰爭結束五天之後，林肯總統觀劇之時，被支持奴隸制的演員刺殺，一代英傑，就此殞命，實在令人惋惜。大家注意，這一年是1865年。100年後，1965年，有一株香氣襲人的月季在「全美月季優選賞」（All-America Rose Selections）中奪

魁，伊就是「林肯先生」。所以「林肯先生」的命名是為了紀念一百年前遇刺身亡的林肯總統。但是，「林肯先生」究竟有何出類拔萃之處而能登上「月季花魁」的寶座呢？

「林肯先生」屬於雜交茶香月季（Hybrid Tea），雜交茶香月季是目下全球月季市場的寵兒，其典型的特點是——「香氣襲人兮，長身玉立兮，一莖開一花，花兒大如頭，月月有開花」。雜交茶香月季的花徑一般有8～12.5釐米，這就有一個狗頭那麼大了，可是「林肯先生」還要大氣，伊的花徑可以達到15～18釐米，這大概有多大呢？大家可以用尺子比比自己的腦袋。其花兒有30～35朵花瓣，花色呈柔滑的深紅色，豔麗而典雅。「林肯先生」的身形相當地修長，株長約有一米二，枝頭單生一枝瑰麗的大花兒，又綴著綠玉般的葉子，端的是文彩精華、見之忘俗。

講完了「林肯先生」，我們再來聊一聊「和平」（Peace）月季。「和平」也是雜交茶香月季，她是由法國的園藝家梅蘭（Francis Meilland）培育出來的，梅蘭為了紀念自己的母親，將她命名為「梅蘭夫人」（Madame A. Meilland），後來二戰爆發了，梅蘭很擔心自己苦心孤詣育成的「梅蘭夫人」毀於戰火，那樣可就太可惜了，於是他將「梅蘭夫人」的切枝（可以扦插繁殖）分別寄給他在義大利、德國、土耳其、美國的朋友們，後來呢，「梅蘭夫人」在美國發揚光大了，其在美國的花市極為緊俏，因為二戰就要結束了，美國的代理商、園藝公司Conard Pyle Co. 就將其命名為「Peace」（和平月季）。

請注意，「梅蘭夫人」是學名，而「和平」則是商業名。由於這個佳名的緣故，聯合國在草創之初的三藩市會議中，組織方為每個國家的代表團都贈送了一束「和平」月季，並附有一張紙條——「We hope the Peace rose will influence men's thoughts for

everlasting world peace」（我們希望和平月季能夠影響人們的思維而永續和平）。

大家看，「和平」與和平是不是很有淵源呢？「和平」月季可不單單有個好彩頭，那花兒也是極為漂亮的說，怎麼形容那一種雍容典雅的美呢？那花兒是淡黃色、奶油色澤的，花瓣邊兒微微地泛紅，宛如一位高雅而可愛的公主。伊非常非常受歡迎，到現在已經賣了一億多株，實在是永恆的經典。

目下的現代月季，已有七個大類、幾百個品種，這麼多品種，是怎麼得到、怎麼維持下去的呢？先來談談這七個大類吧。

1. 雜交茶香月季，這個不用多說了。

2. 噴灑月季（Floribunda/Spray Rose），這種月季一個枝頭可以開好幾朵花，猶如許多花兒從一處噴泉噴灑出來一般。

3. 高挑月季（Grandiflora），株高約7尺，一莖開多花，花形類似「雜交茶香月季」。

4. 攀援月季（Climber），可在牆上攀援生長，幻想你家有一個園子，園中的圍牆和拱門上佈滿了攀援月季，這是多麼有詩意的畫面啊，一定會讓你流連不已的！

5. 迷你月季（Miniature），如名，伊是月季中的小公主，身長只有一二尺，非常非常的萌。

6. 灌叢月季（Shrub Rose），可以用來製造密密麻麻的「灌叢月季籬笆」，從而優雅而精緻地保護你的私人空間。

7. 月季樹（Tree Roses），這是由月季和樹木嫁接得到的佳樹，大家設想一下，「月上柳梢頭，人約黃昏後」，如果這棵柳樹恰巧嫁接了月季，畫面會不會更迷人？

好了，這就是現代月季的七個大類，其中有幾百個品種。這

些品種是怎麼得到的呢？是由園藝家各種雜交選育、去蕪存菁得到的。優良品種之間雜交，可能得到新的優良品種，比如「林肯先生」就是由「克萊斯勒帝國」和「查爾斯」雜交得到的，「和平」更是由五種名株雜交得到的。那麼，優良的品種如何一代代的延續呢？

我們知道雜交種的遺傳是很混亂的，如果自然傳粉的話，子代往往是「龍生九子、各個不同」，但是，如果採用無性生殖的方法，譬如扦插、嫁接、組織培養，子代就會故步自封，一點點兒的變異都沒有，就能完美地延續良種了。

好了，現代月季就是這個樣子，請原諒僕對於這個話題的絮絮叨叨，可是，伊畢竟是「薔薇三女神」交合雜糅而成的神女，在目前的庭園裝飾、切花等方面具有女神級的地位，所以僕不得不嘮叨一點兒。另外，現代月季也可以叫玫瑰，雖然最重要的基因來自月季，伊也有玫瑰的基因的，所以生活中大家不用過多拘泥於玫瑰月季之別。

接下來聊一聊原汁原味兒的玫瑰。其花兒一般是單層五瓣，蠻素雅的，相應的，雜交月季多是重瓣花，也就是花瓣分多層，每層有五瓣。打個比方，單瓣花猶如小家碧玉，重瓣花猶如大家閨秀，平心而論，重瓣花要更勝一籌。原種玫瑰只在夏天開花，花色有紅色、白色、紫色等等。

大家曉不曉得，其實玫瑰花和玫瑰果還可以食用呢！玫瑰果富含維C，可以生吃，也可做成果醬、果凍、果汁等。至於玫瑰花，可以將花瓣與蔗糖按照1：4的比例醃製成玫瑰醬，這可是美容養顏之聖品。玫瑰醬中含有玫瑰油，食用後還能令你「吐氣如蘭」呢，不對，應該是「吐氣如玫」！美女心動了嗎？

其實玫瑰花還有更重要的用途——提煉玫瑰精油。玫瑰精油可是「精油之皇后」，它廣泛地用於香水、香皂、美容、食品、煙

草、芳香療法等，其天然的芬芳對於舒緩大腦神經有奇效。使用方法呢，有香薰、沐浴、按摩、內服，不過大家可注意了，精油要稀釋了再用，而且絕不能沾到眼睛。

精油使用以前，要先做一下皮膚測試，以免對這種精油過敏。如果要內服呢，一定要先諮詢專家。還有，千萬不要使用劣質的精油，那個反而對身體有害。總而言之，「精油雖美好，使用要小心」，美女們可千萬要按捺住激動的心情，看好說明書先。

玫瑰的花語是什麼？當然是愛情！在古代的希臘和羅馬，玫瑰都象徵著愛與美的女神，這位女神，在希臘叫做阿芙洛狄忒，在羅馬叫做維納斯。所以，在西方，自古以來，玫瑰就是傳達綿綿愛意的天使。那麼在古代的中國呢，情況可就大不相同了，由於玫瑰枝兒多刺、扎手，玫瑰竟然象徵著刺客和俠客，很有意思吧。

這麼說來，古代有名的大刺客，譬如荊軻、聶政、專諸、豫讓、鉏麑，那都是帶刺的玫瑰了。不過說男人是玫瑰到底感覺有點兒不倫不類，還是賈探春、尤三姐做玫瑰花合適一點兒。

探春和三姐雖然不是刺客和俠客，但是她們的氣質是那一型的，就是「我不欺負你，但我也不怕你」的那一種，在現代社會，這應該是一種非常好的素質吧。

張愛玲寫過一篇很有名的小說，叫做《紅玫瑰與白玫瑰》，書裡面一開場就有一段經典的話，相信好多人都有印象的：「振保的生命裡有兩個女人，他說一個是他的白玫瑰，一個是他的紅玫瑰。一個是聖潔的妻，一個是熱烈的情婦——普通人向來是這樣把節烈兩個字分開來講的。也許每一個男子全都有過這樣的兩個女人，至少兩個．娶了紅玫瑰，久而久之，紅的變了牆上的一抹蚊子血，白的還是床前明月光；娶了白玫瑰，白的便是衣服上的一粒飯粘子，紅的卻是心口上的一顆朱砂痣。在振保可不是這樣的。他是有始有

終，有條有理的，他整個地是這樣一個最合理想的中國現代人物，縱然他遇到的事不是盡合理想的，給他心問口，口問心，幾下子一調理，也就變得彷彿理想化了，萬物各得其所。」

那麼，這裡的紅玫瑰白玫瑰當然不是刺客和俠客了，而是，心愛的女人，這裡面有紅玫瑰——熱烈的情婦，有白玫瑰——聖潔的妻。張女士的這番宏論，大概是在表達這樣一種糾結的心理吧，「得不到的總是最好的！」得到的呢，只能在生活的洗刷中變成蚊子血和飯粘子。「此情可待成追憶，只是當時已惘然」，李商隱寫這首詩的時候，是不是也在追憶他昔日的紅玫瑰呢？

好了，玫瑰和月季都談了許多，下面，來談談薔薇的奇聞軼事吧。關於薔薇有一段驚心動魄的歷史——英格蘭的紅白薔薇戰爭。

薔薇戰爭，其來龍去脈，是莎翁歷史劇的重頭戲，《理查二世》、《亨利四世》、《亨利五世》、《亨利六世》、《理查三世》，統統講的都是薔薇戰爭中的陰謀、人性和戰事。

嚴格地講，薔薇戰爭正式開戰，是從《亨利六世》開始的，但是前面那些國王的所作所為其實都在為這場大戰暖場，他們種下了戰爭的因，後面的國王則嘗到了戰爭的果，要麼是甜果，要麼是苦果，和中國一樣，成者為王敗者寇。

為什麼叫薔薇戰爭呢？因為這是英格蘭兩大貴族集團爭奪王位的戰爭，這兩個集團，一個叫蘭開斯特家族，他們以紅薔薇為家徽，另一個叫約克家族，他們以白薔薇為家徽。這兩個家族開戰了，所以後世就稱這場戰爭為「紅白薔薇戰爭」。

薔薇戰爭的因種在理查二世和亨利四世的恩怨上。當理查二世做國王的時候，亨利四世當然還不是國王，他是海瑞福德公爵，亨利的父親是蘭開斯特公爵。理查二世有兩位親叔叔幫助他輔政，一位就是亨利的父親蘭開斯特公爵，另一位是約克公爵。所以，亨利

和國王是堂兄弟，可惜後來兄弟鬩牆了。

　　莎劇是這樣記載的，亨利一向禮賢下士、親近平民，因此很受老百姓的愛戴，理查國王就不爽了，他的人望似乎還不如亨利，他總是感受到亨利的威脅，於是，他要伺機出手。有一天機會終於到來了，亨利指控諾福克公爵貪汙軍餉，理查國王親自審理此案。法庭上，亨利和諾福克各執一詞互不相讓，於是兩人申請司法決鬥。司法決鬥在中古世紀的西方是很流行的，他們將生命交給上帝去裁決，因為上帝喜歡義人，憎惡不義。但是這個制度在後來被廢除了，因為基督教畢竟是宣揚仁愛的宗教，教會對於司法決鬥總是持反對的態度。好了，回到亨利和諾福克的決鬥畫面，正當決鬥前的那一刻，理查國王變卦了，他聲稱「不想看到同室操戈的悲劇」，於是命令停止決鬥，然後各打五十大板，兩人立即驅離出境，亨利十年不准回國，諾福克終身流放。拔除了心腹大患，國王的內心安寧了。

　　可是國王事兒做得太絕了，後來蘭開斯特公爵病亡，按理說公爵的財產應該由其子亨利繼承，可是國王蠻橫地剝奪了亨利的繼承權，將蘭開斯特公爵留下的巨額錢財充了公，作為平定愛爾蘭叛亂的軍費。於是，國王大搖大擺地御駕親征愛爾蘭，可是，亨利卻趁他老巢空虛，帶領人馬殺回來了，他的理由也很「政治正確」，因為他要「索回權利和財產」！結果在武力的護持下，亨利不但索回了權利和財產，他還得寸進尺，勒索到了英格蘭的王冠。理查二世退位讓賢，亨利登基成為亨利四世，開創了蘭開斯特王朝，同時也種下了薔薇戰爭的種子，為什麼呢？

　　因為理查二世在位的時候，早就指定了繼承人——他的親外甥羅傑・莫蒂莫，可是羅傑英年早逝，王儲又改立為羅傑的兒子艾德蒙・莫蒂莫。因此，從法理上說，即使理查二世遜位，應該繼位的

也是艾德蒙而不是亨利。可是槍桿子裡出政權，亨利受到議會和軍隊的一致擁戴，終於有驚無險地加冕為亨利四世。

後來亨利四世死了，傳位其子亨利五世，亨利五世死了，傳位其子亨利六世。到了亨利六世這裡，有人興風作浪了，這個人叫做理查‧金雀花。

理查‧金雀花何許人也？他的父親是劍橋伯爵，可是因為謀反而被削爵、處死，理查沒能世襲到爵位，成了平民。可是理查偏偏又是最幸運的人，他的伯父是約克公爵，他的舅舅是馬奇伯爵，伯父和舅舅都沒有子女，這樣，他倆老人家歸天之後，爵位和財產都由理查‧金雀花繼承了。

這樣，理查‧金雀花成了全英格蘭最為炙手可熱的貴族。更要命的是，理查的舅舅——前一任的馬奇伯爵不是別人，正巧是理查二世欽定的王儲——艾德蒙‧莫蒂莫。所以，從法理上講，理查‧金雀花可以爭取王位，特別是當國王很弱的時候。亨利六世的確有點兒弱，而理查兄也向他伸出了魔爪。

亨利四世、五世、六世都屬於蘭開斯特家族，理查‧金雀花則是約克公爵，屬於約克家族，蘭開斯特家族的家徽是紅薔薇，約克家族的家徽是白薔薇，於是，蘭開斯特家對約克家，紅薔薇對白薔薇，紅白薔薇戰爭開始了。

亨利六世罹患間歇的精神病，在他的統治期間，英格蘭有點內憂外患。外患是英法百年戰爭中，一直被打得滿地找牙的法國忽然出了一位聖女貞德，聖女貞德帶領法軍扭轉了戰局，英國就是在亨利六世的任內，輸掉了百年戰爭，失去了在歐洲大陸上的所有土地。內憂呢，自然是理查‧金雀花了。

亨利六世由於受到百年戰爭完敗的打擊，他的精神崩潰了。理查‧金雀花不失時機地果斷出手，糾集了一幫勢力黨同伐異，好不

容易做了英格蘭的攝政護國公，他還想百尺竿頭更進一步，要求王位的繼承權，可是蘭開斯特家族當然不幹了，於是雙方就擰上了。

亨利六世的病情也慢慢好了許多，他帶領二千人和理查‧金雀花的軍隊開打了薔薇戰爭的第一仗，這一仗叫做「聖奧爾本斯戰役」，結果國王失利，還被理查‧金雀花俘虜了。理查‧金雀花將國王挾持到倫敦，挾天子以令諸侯，他重任了一度倒臺的護國公。

可是後來，國王和王后還是不甘心，他們繼續和理查‧金雀花角力，雙方又打了一場「北安普敦戰役」，結果國王又失利了，又被理查‧金雀花俘虜。這一次，理查‧金雀花要向亨利四世學習，他要求當國王。可是貴族們並不支援他，經過一番討價還價，理查‧金雀花雖然沒有得到王位，但還是索到了王位的繼承權。

這也蠻不錯的，而且他還實際上軟禁了國王，大權獨個兒攬。在這個危急的關頭，瑪格麗特王后站了出來，可能是出於母愛吧，她不希望她和亨利六世的獨生子——威爾士親王的王位繼承權受到剝奪。王后組織了一支復仇大軍，他們在「韋克菲爾德戰役」中擊敗了理查‧金雀花，殺死了理查‧金雀花。

理查‧金雀花死得很慘，他的人頭被挑在長矛上，戴著一頂紙王冠，放到約克城的城牆上梟首示眾。「固一世之雄也，而今安在哉？」理查‧金雀花的大起大落的一生，有點令人唏噓。

但是約克家還沒完，理查‧金雀花的長子愛德華現在的處境有點兒像官渡之戰後袁紹的兒子們，但他比袁紹的兒子們長進，他重新聚集了一股力量，幾個星期之後，他在「陶頓戰役」中一舉擊潰蘭開斯特家的主力，贏得了決定性的勝利。

愛德華一路凱歌殺進倫敦加冕為「愛德華四世」（因為英格蘭之前還有三個名叫愛德華的國王），終於坐實了理查‧金雀花用生命去爭取的王位繼承權。而亨利六世，則被廢黜和囚禁到了倫

敦塔。

亨利六世的王后瑪格麗特是一個剛烈的女人，她不甘心自己親生的兒子失去王位繼承權，於是找來一大幫同盟軍。瑪格麗特幾乎成功了，一度，她還將愛德華四世驅趕到法國的勃艮第，一度，她還復辟了亨利六世，可惜，天不從人願，愛德華四世又從勃艮第借兵殺了回來，他殲滅了蘭開斯特的軍隊，他殺死了亨利六世和瑪格麗特的獨生子，他囚禁了瑪格麗特王后，他還謀殺了亨利六世，蘭開斯特灰飛煙滅，約克家族牢牢把持住了權柄。可憐的瑪格麗特王后，她的丈夫和兒子都已先她而去，王國的權柄被他人奪走，她的人生坍塌了。

不過還好法國國王路易十一是她的表哥，路易將她贖回到法國，她在法國淒涼地度過了她的餘生。

那麼薔薇戰爭結束了嗎？還沒有呢，蘭開斯特家還要出一位真龍天子。故事是這樣的。愛德華四世執政二十二年之後死了，他的長子，才十二歲的愛德華繼位，稱愛德華五世。愛德華四世的親弟弟，也就是愛德華五世的親叔叔，理查，擔任攝政護國公。可是這個理查啊，是個陰謀家，僅僅兩個月後，他就迫不及待廢黜了愛德華五世，他將愛德華五世和其弟弟小理查都關到了倫敦塔，然後呢，自己登基做了國王，成為理查三世。其實這一套啊，我們中國人最熟悉了，看來權力真的是毒藥，它可以令親人反目，令生靈塗炭，權力，真的應該被鎖到籠子裡，好好地受到監管。

好了，理查三世大柄在手，可是他的日子過得並不安寧，內部有兩位「塔中王子」做他的競爭對手，所以後來據說（僅僅是據說）他派人謀殺了兩位王子（不管怎麼樣，兩位王子後來的確是失蹤了），外部呢，蘭開斯特家的亨利‧都鐸起來向他挑戰。

亨利‧都鐸可是大有來頭的，他的父親艾德蒙‧都鐸是亨利六

世的同母異父的弟弟，「同母」指的是法國公主凱薩琳，凱薩琳先嫁給亨利五世生了亨利六世，亨利五世三十六歲英年早逝，凱薩琳就又下嫁里士滿伯爵生了艾德蒙‧都鐸，艾德蒙‧都鐸又生亨利‧都鐸，換句話說，亨利‧都鐸是亨利六世的侄兒，但是他的父系，並沒有蘭開斯特的血統。更重要的是亨利‧都鐸的母系，他的母親，瑪格麗特，是亨利四世的親姪女，亨利四世是蘭開斯特王朝的首位君主，所以，亨利‧都鐸，從他母親那裡，繼承了蘭開斯特家族的血統。這條血統可有用了，因為可以用它來爭取王權。

亨利‧都鐸精明強幹，逐漸成長為蘭開斯特家的領袖，他要帶領他們絕地反擊。1485年8月22日，「波斯沃戰役」打響，亨利‧都鐸對理查三世，紅薔薇對白薔薇。兩天之後會戰結束，理查三世英勇戰死，亨利‧都鐸大獲全勝，他順利地加冕為「亨利七世」。

這樣一來蘭開斯特東山再起了，可是英格蘭還有許多人心向約克家族，畢竟，是你們蘭開斯特王朝的開山老祖亨利四世搶人家王位在先的嘛。這個棘手的問題，如果沒有一點政治智慧的話，還真是不好解決。

還好亨利七世是很有政治智慧的，他明智地娶了愛德華四世（約克家族首任君王）的長女──約克的伊莉莎白，這時的伊莉莎白已是約克家的第一順位繼承人，因為她的兩個弟弟「塔中王子」已經不知所終，她的叔叔理查三世已經戰死，按照王位繼承法，就算是約克家掌權，王位也該傳給伊莉莎白。

這下就好了，亨利七世娶了約克的伊莉莎白，蘭開斯特家和約克家就合流了，英格蘭的王朝現在既不是蘭開斯特王朝也不是約克王朝，而是進入了都鐸王朝，王族的家徽既不是紅薔薇也不是白薔薇，而是紅白薔薇，或者叫都鐸薔薇。這個家徽，最常見的是一朵紅外白內的雙色薔薇，偶爾也會有紅白薔薇分列的形式。

紅白薔薇的影響力一直延續至今，我們知道英格蘭足球隊昵稱「三獅軍團」，因為英格蘭的動物紋章就是三頭獅子，可是英格蘭還有沒有別的代表性的紋章呢？有的，就是紅白薔薇。

　　好了，因為紅白薔薇的合流，薔薇戰爭永遠地結束了。但是，還有一點特別的重要，亨利七世和伊莉莎白必須生下繼承人，政局才可能持續地穩定下去。他們倆做到了，他們生了八個孩子，其中第二個孩子後來繼承了王位，他叫「亨利八世」。

　　亨利八世在英國歷史上特別的有名，一是因為他的婚姻，二是因為他的宗教改革，三是因為他的子女。他的婚姻問題實際上是他進行宗教改革的導火索，這兩條可以合到一起說。亨利八世有什麼婚姻問題呢？因為他要和他的第一任妻子——西班牙公主阿拉貢的凱薩琳——離婚，因為他渴望得到一個男性繼承人，但是凱薩琳雖然為他生育過幾次，但活到成年的只有一個瑪麗。可是當時在歐洲要離婚的話，基本上是不可能（因為當時的基督教嚴禁離婚），除非得到教皇的特許。亨利八世到教皇那兒去申述，當然是扯一大堆證明他和凱薩琳婚姻無效的理由，可是教皇不願開罪超級強權西班牙國王（他是阿拉貢的凱薩琳的外甥），他們不准亨利八世離婚。

　　這下可就激怒了亨利八世，當時歐洲大陸正在如火如荼地搞宗教革命，西歐天主教的世界正在分裂，馬丁・路德、慈運理、加爾文都聚集了一幫信徒和羅馬教廷分庭抗禮，他們開創了基督教中一個新的教派，統一就稱為「新教」。

　　「新教」和舊天主教最大的區別，應該是新教認為人人都可以直接和上帝交流，而不用通過教會，中世紀時，教會變得腐化墮落，但是他們又壟斷了神權，這就激起了許多純潔良善的教士的不滿，於是他們就開創了「宗教改革」的運動，他們否定教皇在人間的最高權威，這不是跟亨利八世不謀而合嗎？

於是亨利八世利用王權在英格蘭本土進行宗教改革，他黨同伐異，任用了一幫諂媚他的人，抨擊那些忠於羅馬教皇的人，終於，他完成了英格蘭的宗教改革，英格蘭變成了一個新教國家。亨利八世的宗教改革，最大的變化在於將教權和王權合一，英格蘭的教會開始不受羅馬統轄，教會和世俗的權力全都歸於亨利八世，他在英格蘭從此唯我獨尊了，當然上帝除外。羅馬教皇見此忿然開除了亨利八世的天主教教籍，但是亨利八世有什麼好在乎的呢？他已是英格蘭新教的首腦，不要再做羅馬教皇的鳳尾了，也不用再為了離婚的事情去教皇那兒求爺爺告奶奶了，他可以為所欲為了。

於是，亨利八世迅即和阿拉貢的凱薩琳離婚，迎娶了凱薩琳的侍女安·波琳，可是這場婚姻更是一場悲劇。安·波琳為亨利八世生下了一個女兒伊莉莎白，後來她又懷孕兩次，可是一次流產一次死產，仍未能生下亨利八世夢寐以求的男性繼承人。亨利八世又不耐煩了，他扯了一堆莫須有的罪名，「以巫術誘使國王結婚、與五個男人通姦、試圖謀殺國王」等一看就很無語的理由，他下令將安·波琳砍頭。亨利八世的確是冷酷無情，但有一點我們中國的讀者得明白，他也是有一點點苦衷的，在當時的西方社會，國王和貴族可以去外面尋歡作樂，可以生私生子，甚至私生子的身分也可以公開，但是私生子，是沒有繼承權的。所以亨利八世如果在他的王后身上看不到生兒子的希望，他只有兩種選擇，要麼和她離婚，要麼捏造理由砍她的頭。對他的第一任妻子凱薩琳，亨利八世可不敢砍她的頭，她是西班牙的公主，怎麼著得罪西班牙都不要太得罪狠了，況且他和凱薩琳離婚有個很好的由子，凱薩琳是先嫁了亨利八世的哥哥亞瑟，可是兩人結婚幾個月亞瑟就病死了。亨利七世為了維持和西班牙的政治聯姻，又將凱薩琳嫁給了次子亨利，可是在當時，這種轉房婚是要得到教皇的特許的，教皇特許了。後來亨利八

世跟凱薩琳鬧離婚的時候，找的理由就是凱薩琳跟哥哥圓過房了（當初找教皇特許的時候大家都說沒有圓過房），所以他和凱薩琳的婚姻無效。

好了，切回到可憐的安・波琳，安・波琳可從來沒和亨利八世的亡兄結過婚，亨利八世就找不到這一類婚姻無效的好理由了，他只好拿定主意砍她的頭。亨利八世可能有侍女情結，安・波琳是凱薩琳的侍女，他找的第三任妻子珍・西摩又是安・波琳的侍女。珍・西摩不辱君命，總算跟他生了一個兒子，取名愛德華。

可是珍・西摩在生產12天後就因產褥熱而逝世。亨利八世後來又娶了三位妻子，其中第四任妻子跟他離婚了，第五任妻子又被他砍頭了，第六任妻子呢，她的運氣比較好，因為亨利八世先死了。唉，亨利八世一生娶了六個妻子，後人為她們的命運編了個口訣，叫做「離婚砍頭死，離婚砍頭活」，按照順序讀，就是這六個妻子的命運。西方有一個有名的童話叫《藍鬍子》，故事中的藍鬍子是一個冷酷的殺妻兇手，有很多人認為藍鬍子的原型就是亨利八世。

亨利八世一生執著地要生兒子，可最終只有珍・西摩跟他生了一個兒子，就是後來的愛德華六世。愛德華六世9歲即位，可15歲就英年早逝，當然沒有留下後代。於是，亨利八世的另外兩個女兒，歷史上赫赫有名的瑪麗和伊莉莎白，將要依次登場了。

其實王位本來與瑪麗和伊莉莎白無涉，因為愛德華六世臨死時指定的繼承人不是他的兩個姐姐，而是他的表姐（亨利七世的外孫女）的女兒珍・格蕾。愛德華為什麼要做這種親疏疏親的事情呢？愛德華是有他的苦衷的。愛德華和伊莉莎白都是接受的新教教育，是虔誠的新教徒，但是他們的姐姐瑪麗，別忘了瑪麗的媽媽是西班牙公主——阿拉貢的凱薩琳，西班牙是虔誠的天主教國家，西班牙

王室更是忠貞不二的天主教的干城，瑪麗從小接受的也是天主教的教育（亨利八世著手宗教改革的時候，瑪麗已17歲了），所以，瑪麗的天主教信仰非常堅定，並不受她父親亨利八世的左右。

按照英格蘭的王位繼承法，愛德華六世的繼位者應該依次是瑪麗和伊莉莎白，但是愛德華生怕瑪麗繼位復辟天主教，跳過瑪麗指定伊莉莎白吧，這個從法理上又說不過去，那麼只好再扯一個理由，說她們都是私生女，都要被剝奪掉繼承權。然後呢，指定信仰新教的珍·格蕾繼位。

珍·格蕾女王順利繼位，可是她執政才僅僅九天，就被瑪麗推翻了，所以她被稱為「九日女王」。半年以後，「九日女王」被瑪麗女王砍頭，以17歲的妙齡，做了權力鬥爭的犧牲品。

瑪麗女王（準確地說是瑪麗一世）登基以後，便要開始捍衛她的天主教信仰了。我們中國的讀者要明白一點，西方人（至少那個時代的許多人）的宗教情結是非常非常深的，宗教信仰就是他們人生最最根本的原則，所以他們會盡一切努力守護他們的信仰。瑪麗做了哪些事呢？

在國外，她恢復了和羅馬教廷的良好關係，英格蘭重新奉教皇為精神領袖，她又嫁給了西班牙國王，夫妻伉儷協力同心捍衛天主教。在國內呢，瑪麗燒死了兩百多個新教徒的首腦，由於這個緣故，瑪麗在歷史上留下了惡名，她被稱為「血腥瑪麗」。

唉，雖然瑪麗被稱為殘暴的「血腥瑪麗」，但是以我們中國人的視角看來，西方的「人文主義」實在是由來已久，令人感佩。在中國，早已有「天子之怒，伏屍百萬，流血千里」的論斷，瑪麗女王燒死了兩百多人，就被歷史家罵得沒個出頭之日，這個要放到中國，簡直就太平常了，中國歷史上的某些暴君，殺人就不說不要審判，簡直就不要個理由，任由他喜怒哀樂，任由他一時興起，

「普天之下，莫非王土，率土之濱，莫非王臣」，這個權力太集中了，民眾則常常沒有任何權利可言。當然話說回來，中國的暴君殘暴嗜殺，不代表瑪麗女王有多麼偉光正，瑪麗女王被稱為「血腥瑪麗」，也是報應不爽。

瑪麗女王執政六年，無嗣而死，終年42歲。瑪麗的妹妹伊莉莎白繼位，稱「伊莉莎白一世」，有一世就有二世，那麼這位「伊莉莎白二世」呢，就是當今英國的女王聖上了，當然她們不是母女的關係，她們隔了好多代呢。而且伊莉莎白一世終生未嫁，昵稱「童貞女王」。

大家應該知道美國有一個州叫做「佛吉尼亞」（Virginia），Virgin是處女，Virginia則意為「處女之地」，這個州是英國海外的第一個殖民地（果然是處女地），這個命名就是為了頌揚當時的女王伊莉莎白一世。

伊莉莎白的媽媽大家還記得是誰嗎？就是那位可憐的被亨利八世砍頭的安‧波琳，不過她在地下可以安息了，因為她的女兒伊莉莎白非常非常優秀，在她執政的45年裡，她將英格蘭帶入了「黃金時代」，而且她也是英國歷史上的最受民眾喜愛的君王。

2002年，BBC曾主持一個由民眾公選的「最偉大的100名英國人」的節目，伊莉莎白名列第七（第一是邱吉爾，第五是莎士比亞，第六是牛頓），高居英國各地各時代君王之榜首。由此可見伊莉莎白的卓越的成就與迷人的魅力。

伊莉莎白的時代，英格蘭逐漸成長為歐洲最強大和最富裕的國家之一，他們和西班牙爭霸並擊敗了「無敵艦隊」，他們又在北美開闢了殖民地，這塊殖民地慢慢成長為今天的美國和加拿大。更重要的是，上帝特別垂青這個時代的英格蘭，他給了他們莎士比亞。

莎翁就不用多說了，英語文學之神，少了他，英國文學恐怕要失色一半，其對人性刻畫之深刻之豐富，其修辭之華麗之奔放之美輪美奐，都令我等凡人張口結舌目眩神迷，徜徉其中而覺淡淡而又純美的快樂。莎士比亞到底是誰？還有人說是伊莉莎白呢。當然這只是一個假說，因為莎士比亞的生前死後留下的私人資料太少了，有人猜疑這只是同時代某個名人的一個化名。但是不管怎麼樣，莎士比亞永恆不朽。不管伊莉莎白是不是莎士比亞，伊莉莎白的開明政治也為文藝創作孕育了一片沃土，所以伊莉莎白的時代，才會藝術繁榮群星璀璨，除了最閃亮的莎士比亞之外，還有弗蘭西斯・培根、克里斯托夫・馬婁、愛德蒙・史賓沙等許多文學史上絢爛的天才。好了，這就是伊莉莎白的時代，一個偉大的「黃金時代」，一個文藝爆衝的時代，一個開創了未來大英帝國兩百年世界霸權基業的時代。

好了，伊莉莎白的時代落幕了，可是，伊是「童貞女王」，當然沒有後嗣，那麼她的接班人是誰呢？是她的外甥女蘇格蘭前女王瑪麗的兒子蘇格蘭王詹姆士，從此，英格蘭和蘇格蘭王室合流，同歸一個君主管轄。為什麼英格蘭王位會傳給詹姆士呢？這還是要從薔薇戰爭的結局講起，亨利七世婆了約克家的伊莉莎白，平息了兩個家族的紛爭，結束了英格蘭的內亂。亨利七世和伊莉莎白生了七個孩子，其中的長女瑪格麗特（亨利八世的姐姐）嫁給了蘇格蘭王詹姆士四世，生詹姆士五世（與英格蘭瑪麗一世、伊莉莎白一世同輩），詹姆士五世生蘇格蘭瑪麗一世，蘇格蘭瑪麗一世生詹姆士，所以詹姆士和伊莉莎白一世是有非常近的血緣關係的，所以後來詹姆士得以入繼英格蘭的大統，他在蘇格蘭稱詹姆士六世，在英格蘭稱詹姆士一世，因為他在蘇格蘭是第六個名叫詹姆士的國王，在英格蘭則是第一個。

這裡我不能不提一下詹姆士的母親，蘇格蘭的瑪麗一世女王，英格蘭瑪麗一世和伊莉莎白一世的外甥女，她在歷史上也非常非常傳奇和有名。而伊莉莎白一世的一生，也可以說是和兩個天主教瑪麗勾心鬥角的一生。伊莉莎白的前半生，不得不屈從她信仰天主教的姐姐英格蘭瑪麗，英格蘭瑪麗死了，伊莉莎白得以執掌英格蘭權柄，可是她老人家「童貞女王」沒有繼承人，蘇格蘭瑪麗倒是一個挺好的選擇，她一度還流亡到英格蘭，托庇於伊莉莎白的保護，可是蘇格蘭瑪麗堅持她的天主教信仰，絲毫沒有妥協的餘地，英格蘭國內的天主教徒還時不時藉著瑪麗的旗號生事兒造反，那麼伊莉莎白會做出何種回應呢？

　　我們不如把鏡頭切到蘇格蘭瑪麗一世，看看她的特寫。她的一生充滿了悲情的色彩。瑪麗六天繼位為蘇格蘭女王（父親早死），5歲半因為英格蘭亨利八世的北襲而避難法國，16歲嫁給法國王太子，17歲半成為法國王后，半年後她的夫君，年僅16歲的法國國王弗朗索瓦二世因病早逝，而且他們沒有生下孩子。

　　這樣瑪麗只好重返蘇格蘭，23歲再嫁達恩利勳爵，24歲生下獨子詹姆士，25歲因權力鬥爭失敗而退位，將王位傳給才僅僅一歲的詹姆士（六世）。瑪麗26歲亡命英格蘭，投靠表姑伊莉莎白。瑪麗是虔誠的天主教徒，但當時蘇格蘭和英格蘭都是新教徒的天下，事實上，瑪麗之所以在蘇格蘭失勢，根本原因就是當時天主教的式微。可是，瑪麗來到英格蘭，卻不想成了伊莉莎白的一大威脅，一方面，以血統而論，瑪麗是伊莉莎白的最佳繼承人之一，另一方面，瑪麗又是英格蘭國內天主教徒的希望，如果瑪麗取代了伊莉莎白，英格蘭天主教便有可能東山再起。

　　所以伊莉莎白對瑪麗嚴加防範，她將她軟禁了快二十年。最後伊莉莎白終於不能容忍瑪麗了，因為天主教徒一再利用瑪麗來謀

反。1958年2月8日，北安普敦郡佛斯裡亨城堡，瑪麗被砍頭，享年四十五歲，一縷香魂，隨風而逝。

其實蘇格蘭瑪麗女王和「九日女王」珍·格蕾挺像的，兩位女王都被砍頭，兩位女王都是殉道者，不過，瑪麗是為天主教殉道，珍·格蕾是為新教殉道，她們如果變節的話，至少不會被殺害，瑪麗甚至可以順利接班為英格蘭女王，可是她們還是選擇了內心的信仰，這一份堅持，很令人動容，很令人傾佩。

蘇格蘭王詹姆士六世從小接受的是新教教育，所以他是一名忠誠的新教徒，所以瑪麗死後，詹姆士就成了伊莉莎白眼中的最佳繼承人，後來伊莉莎白蒙主恩召，詹姆士順利接班，英倫三島終於歸到一個君主的麾下，英格蘭和蘇格蘭自此成為共主邦聯，不過兩國的議會還是獨立的，直到後世的安妮女王之時，英蘇議會終於合併，英國始成「聯合王國」（United Kingdom）。

詹姆士國王對英語文學貢獻良多，因為他下令翻譯和編纂了一部絕佳的英文版聖經，名叫*King James Version of the Bible*（欽定版聖經），簡稱就是KJV。欽定版聖經令普通的老百姓也可以比較輕鬆地閱讀和學習聖經（此前的聖經只有原版希伯來文希臘文的和拉丁翻譯版的），英文總算慢慢成為一種普遍的讀寫文字，這個對於英國的文化教育事業實在是有莫大的好處，畢竟，莎士比亞只是精英的愛好，聖經則深深滲入了西方社會的各個階層。

話題再拉回到蘇格蘭瑪麗吧，她若泉下有知，應該可以瞑目了。因為雖然她在世事事不如意，但是她的後裔，她的獨子詹姆士的後裔，卻壟斷了英王的寶座，一直到今天的伊莉莎白二世，也還是他們的後裔呢。

不過當然了，他們也都是亨利七世的血脈。但是追根溯源，自亨利七世以降的英格蘭王或英國國王之所以能夠君臨英倫，還是

因為亨利七世在薔薇戰爭中取勝，並與約克家的伊莉莎白聯姻的緣故。好了，薔薇戰爭的前因後果總算講完了，那麼，「薔薇三女神」也要跟大家說再見了。

後記：伊莉莎白和兩個瑪麗

伊莉莎白和瑪麗其實是很有緣的，這是兩個在西方很常見的女用名。之所以常見，是因為其人名來自聖經。聖經中的瑪麗（Mary），中文版聖經往往翻譯為瑪利亞，最有名的瑪利亞自然是聖母瑪利亞了。聖母瑪利亞有一個表姐，名叫以利沙伯，對應的英文就是Elizabeth，就是伊莉莎白。

聖母瑪利亞（Mary）生了一個非常有名的兒子，他叫耶穌。以利沙伯（Elizabeth）也生了一個非常有名的兒子，他叫約翰，就是那位「修直主的道，預備他的路」的施洗約翰。施洗約翰曾為耶穌施洗，見證了「聖靈如鴿子般降在他的身上」。好了，這個是聖經中的瑪麗和伊莉莎白，她們是感情很好的表姐妹，她們分別誕下了聖子和聖徒。

那麼，再來看看英國皇家歷史中的伊莉莎白和兩個瑪麗。老瑪麗（英格蘭瑪麗）是伊莉莎白同父異母的姐姐，小瑪麗（蘇格蘭瑪麗）則是她們的外甥女，從結果上看，老瑪麗曾把伊莉莎白關入倫敦塔，而伊莉莎白則將小瑪麗砍了頭。不過小瑪麗還是最終的勝利者，老瑪麗和伊莉莎白都沒生孩子，小瑪麗則生了詹姆士，然後她的家系就壟斷了英國的王位。

睡蓮非蓮花

　　蓮花，又名荷花、芙蓉、芙蕖，雅名「花中君子」，屬於蓮科。睡蓮，又名小蓮花、子午蓮，昵稱「花中睡美人」，屬於睡蓮科。由此看來，君子美人殊非同類，可是，她們究竟有何種微妙的區別呢？

　　花開兩朵，各表一枝，為兄先談談蓮花吧。為什麼叫「蓮花」？《說文》說蓮是「芙蕖之實也」，也就是蓮子，那麼孕育蓮子的花，當然就是蓮花了。為什麼又叫「荷花」？荷就是負荷，荷花負荷了什麼？纖纖的荷莖上，要麼頂著一張大荷葉，要麼頂著一朵大荷花，這樣還不能叫負荷嗎？所以蓮花也叫荷花。

　　那為什麼又叫「芙蓉」呢？芙蓉其實有水芙蓉、木芙蓉兩種，水芙蓉才是蓮花，木芙蓉乃是芙蓉花。現在談到芙蓉呢，一般是指木芙蓉，但是偶爾也會指水芙蓉，比如李白的名句「清水出芙蓉，天然去雕飾」，比如《離騷》中的「製芰荷以為衣兮，集芙蓉以為裳」。

　　之所以芳名為「芙蓉」呢，李時珍的解釋是「敷布容豔」，就是「打扮得很嬌豔」，私心想來，水芙蓉也好，木芙蓉也好，的

確都挺嬌豔的，不過水芙蓉清麗，木芙蓉濃豔，她們的嬌豔還是有所不同的。最後「芙蕖」呢？芙蕖帶著三點水兒，是專指水芙蓉的。

　　蓮花的花蕾亦有一個別致的美名「菡萏」，菡萏也挺漂亮的，猶如一

團尖尖的火焰，或一個聖潔的處子，俏生生地立在端頭。菡萏開了，才見蓮花。

蓮與中國人的生活是緊密相連的。蓮的泥莖就是「蓮藕」，嫩藕可以清炒，老藕可以煨湯，均有滋補養顏的妙效。蓮的果實就是「蓮蓬」，蓮蓬是個倒圓錐形，上端是個小圓盤，盤子裡長了許多小眼睛，這就是「蓮子」了。要吃蓮子，就得將它從蓮眼兒裡摳出來、剝皮，生吃都可以的。蓮子也可以煮熟、搗爛、拌糖，這樣就製成了「蓮蓉」，蓮蓉可以用來做蓮蓉包、蓮蓉月餅、蓮蓉湯圓、蓮蓉糯米糰等甜食，別有一番蓮子的香味兒。

中國人是很喜歡蓮花的，有詩為證。曹植的《芙蓉賦》有云：「覽百卉之英茂，無斯華之獨靈」，看來在陳王的眼中，蓮花是最有靈性的花朵。再如樂府詩《江南》，「江南可採蓮，蓮葉何田田。魚戲蓮葉間，魚戲蓮葉東，魚戲蓮葉西，魚戲蓮葉南，魚戲蓮葉北」，採蓮採蓮，多麼快樂啊，不但人很快樂，魚兒也覺得很快樂，可是人若不愛蓮，怎麼能體味到魚兒的快樂心情呢？

曹寅《荷花》有云：「一片秋雲一點霞，十分荷葉五分花。湖邊不用關門睡，夜夜涼風香滿家。」你看古人多風雅啊，他們可以細膩入微地去領略那一種淡淡的自然之美，去享受那一種微妙的自然之趣，生活在喧囂紅塵的現代人，有時候是不是也該拋開心中的喧擾和手中的高科技，稍微去融入一下自然呢？那樣你一定會更快樂！

談到蓮花呢，還有一個人不能不提，他就是北宋的周敦頤，其名篇《愛蓮說》我們中國人可是如雷貫耳、耳熟能詳，其名句有云：「予獨愛蓮之出淤泥而不染，濯清漣而不妖，中通外直，不蔓不枝，香遠益清，亭亭淨植，可遠觀而不可褻玩焉。」這一個名句啊，滿滿都是正能量，每當中國人遭遇到濁世和亂世，就會拿這句

話來勉勵和潔淨自己，見賢而思齊，蓮花就是這個賢者吧。

北宋的林逋和周敦頤有點兒相映成趣，林逋生於967年，周敦頤生於1017年，他們正好相差50歲。林逋終其一生不仕不娶，晚年隱居於西湖之孤山，最愛的是梅花與仙鶴，故以「梅妻鶴子」揚名於天下，他的詠梅詩清麗而典雅，留有「疏影橫斜水清淺，暗香浮動月黃昏」的名句。周敦頤呢，則以愛蓮著稱於世，亦留下了「出淤泥而不染，濯清漣而不妖」的名句。大家看，這兩位是不是挺像的？

好了談回蓮花吧。中國人喜愛蓮花看來是毫無疑問的了，但是這喜愛的程度，未必可以進入中國人心目中芳草譜的前三名，周敦頤不是孤芳自賞地說道，「自李唐來，世人甚愛牡丹……菊之愛，陶後鮮有聞。蓮之愛，同予者何人？牡丹之愛，宜乎眾矣！」所以，以歷史的眼光來看，中國人最愛的是牡丹。從唐朝開始，牡丹便已貴為東土的花王，慈禧太后秉政之時，牡丹更是被欽定為大清的國花，象徵帝國的祥和與華貴。由此可見中國人的牡丹情節。

在我們這個世界上啊，最喜歡蓮花的應該是印度人。印度的國花就是蓮花，印度的宗教也特別青睞蓮花。在印度擁有十多億信徒的印度教認為，創世之神是梵天，但是梵天不是基督教的上帝，上帝是自有永有全知全能的，梵天不是全能的，也不是自有的，那末梵天是從哪兒來的呢？他是從蓮眼裡生出來的。

那末未有天地之先，怎麼會有蓮花呢？其實印度教有三位大主神，除了創世之神梵天外，還有維世之神毗濕奴，毀世之神濕婆，

未有天地之先呢，大神毗濕奴靜靜地躺在一條千頭巨蛇的身上，忽然從他的肚臍眼兒就生出了一朵蓮花，忽然蓮花盛開了，裡面端坐著梵天，梵天出世後就創造了世界。

　　大家看，在印度人的心目中，蓮花生梵天，梵天創世界，所以蓮花對於印度人是不是很重要？

　　蓮花不但在印度教中很重要，在佛教中也很重要。為什麼呢？因為佛眼看蓮花啊，出於淤泥而不染，渾如欲望之汙水上啊，看破了紅塵看見了如來，蓮花的氣質挺符合佛教的價值觀的。事實上，蓮花也是佛教的標誌之一，大家熟悉的如來佛、彌勒佛、觀世音菩薩、地藏王菩薩，不是常常端坐著在一個「蓮花寶座」上？

　　《西遊記》裡大鬧天宮的故事，大家應該歷歷在目吧，孫悟空在天庭恣意混鬧，天兵天將都奈何不了他啦，玉帝眼看皇位不保啦，於是只好請來西天佛祖，佛祖將悟空壓到了五行山下，這一壓就是五百年，直到唐三藏西天取經，路過此地救了悟空。可是這中間有個細節大家注意到沒有，就是悟空剛被壓到山下時，玉帝正給如來開慶功宴之時，有個靈官驚慌失色地跑過來匯報，「不好啦，那大聖伸出頭來了！」看來大聖就要逃出樊籠、二次革命了，如來卻早已料到此著，他不慌不忙從袖中取出一張早已備好的、寫著「唵嘛呢叭咪吽」的帖子，命阿難貼到五行山頂，結果那帖子一貼，大聖便動彈不得了，只好乖乖被壓了五百年。不過問題是，那個帖子怎麼會有那麼大的威力？如來佛的加持當然是一個原因了，另外，這六個字的咒語也蠻厲害的。「唵嘛呢叭咪吽」被稱為佛家的「六字真言」，如來佛有云：「此六字大明陀羅尼，是觀自在菩薩摩訶薩微妙本心，若有知是微妙本心，即知解脫。」觀自在就是觀世音，所以這六個字啊，乃是觀世音菩薩所體味到的無上妙法，你若也能體會到呢，那就解脫了、大徹大悟了。「唵嘛呢叭咪吽」

當然是梵文音譯，若是意譯成漢文，則是「妙自蓮花生」，原來觀音菩薩的微妙本心，就是從蓮花中悟道出來的。大家看，蓮花之於佛教有多麼重要。西藏人念誦「六字真言」尤為勤奮，因為藏傳佛教的教主被認為是觀世音菩薩的化身，那麼教主的微妙本心，當然要細心體會、勤修苦煉。西藏還有一種極有名的轉經筒，藏人常常邊走邊搖它，為什麼要搖它呢？轉經筒的表面刻有六字真言，裡面則藏有經文，每轉動一圈，其功效和福報就相當於讀了一遍經文，這樣念經可真有效率啊，如果念書也能這樣就好了！

由此可見，蓮花與宗教挺有緣的，其實，蓮花與科學也挺有緣的呢。蓮花為何會「出淤泥而不染」呢？這個叫「蓮花效應」，蓮花和蓮葉的表面有一種非常別致的微觀結構，形如許多「時時勤拂拭」的微小拂塵，令它「不使落塵埃」，所以蓮花、蓮葉都是有著自潔的能力的。蓮葉中的水珠亮晶晶、圓滾滾的十分可愛，猶如水銀瀉地一般，這就是「蓮花效應」在起作用。「蓮花效應」也能應用於生活，納米科學家就從中受到啟發，他們設想，讓布、瓦片、玻璃、油漆等等抹上一層蓮花一樣的表面結構，那些個表面不就也可以自潔了嗎？這真真是個絕妙的主意，可以省掉我們多少事兒啊！

蓮花就聊到這裡吧，下面來談談睡蓮。睡蓮何以芳名「睡蓮」呢？因為她是個睡美人兒，白天開花，晚上閉合，如此來上三次，花兒就會謝掉，果兒則會暗結珠胎。

其實「花中睡美人」可不止睡蓮一個，比較有名的還有合歡樹與含羞草，她們都是豆科含羞草亞科的植物，其複葉上的小葉（如同手掌上的手指頭）也是畫開夜合的，杜甫《佳人》有云：「合昏尚知時，鴛鴦不獨宿」（合昏就是合歡），就是這個道理。合歡樹和含羞草挺像的，不過也非常好辨認。合歡樹是樹，含羞草是草。

另外，合歡只是晚上會「睡覺」，含羞草則不但會「睡覺」，還會「害羞」呢，只要一有風吹草動，或者有人對她毛手毛腳，含羞草就會迅速合攏她的小葉，猶如手掌裡的五指併攏，又如一個美人羞答答地用雙手捂住了雙頰，難怪叫做「含羞草」呢。可是，含羞草看起來柔柔弱弱的，其實她可堅韌了，她的含羞只不過是偽裝。為什麼這麼講呢？因為風雨襲來的時候，含羞草害羞了，小葉子合攏了，被風吹被雨淋的部位就只有那麼一點點了，這樣就可以避開風雨的正面侵襲、躲過一劫了，所以含羞草的適應力是挺強的，她真真是一個外柔內剛的鐵娘子。

下面談回睡蓮吧。「花中睡美人」雖然有許多，但是睡蓮無疑是這些睡美人中的花魁，因為睡蓮是其中最為美麗動人的，徐志摩說，「最是那一低頭的溫柔，像一朵水蓮花，不勝涼風的嬌羞」，此情此景，有沒有打動你的心扉呢？當然徐志摩看到的的「水蓮花」可能是睡蓮，也可能是蓮花，但是睡蓮和蓮花的風韻是一致的，睡蓮更有可能吧，因為蓮花比較大氣，睡蓮則比較小巧一點兒，如果說「嬌羞」的話，睡蓮更顯得嬌羞吧。

法國印象派的繪畫大師莫內最是雅愛睡蓮了，在他人生中最後的十二年，他幾乎只畫一樣東西，那就是睡蓮。他畫了許多美妙又夢幻的睡蓮，這些睡蓮畫啊，自然都是極好的，到今天身價也是極高的，動輒千萬美圓。大家可以在網路上搜索一下這些畫面，真的有一種攝人心魂的朦朧美，宛如李商隱的情詩，「此情可待成追憶，只是當時已惘然」，我想，這一種韻味可能就是印象畫的獨絕之處吧。

接下來，將揭開本篇的謎底，睡蓮和蓮花，到底有何異同呢？睡蓮的芳名裡也帶著一個「蓮」字，自然和蓮花是極像的，雙姝在水面上都鋪著圓盤形的葉子，葉子上都開著極相似的重瓣花兒，葉形花形簡直如出一轍，確實挺難分辨的，但是細心觀察，還是可以找到差異的，差異有如下三點：

1. 蓮花是挺水植物，其花和葉都挺出了水面，睡蓮則是浮水植物，她的花和葉都恰恰浮在水面上，有點兒像放大的浮萍。

2. 雙姝的圓盤葉子有區別，蓮葉是渾圓的，睡蓮葉卻有一道小裂縫，從圓周裂到圓心，猶如一個生日蛋糕被切掉了一小塊，或者說一個圓被切掉了一個小扇形。

3. 蓮花個兒大睡蓮個兒小，無論花葉都是如此。蓮花花徑有20釐米，睡蓮只有5釐米，蓮花葉徑有60釐米，睡蓮只有10釐米，一個大氣，一個玲瓏，相差還蠻多的。那麼現在，大家應該不會再弄混了吧。

　　睡蓮屬於睡蓮科睡蓮屬，其實在睡蓮科中，還有三種挺有趣的植物：王蓮、侏儒睡蓮和芡。下面依次談一談吧。

　　王蓮，當然就是蓮王，蓮王當然是碩大無朋、氣勢逼人的，事實的確如此。王蓮葉徑闊達一米到三米，葉緣很有特點，垂直上翹的，所以整個王蓮葉看起來就像是一個巨大的圓形煙灰缸。王蓮葉的支撐力特別強，可以承載一百斤的重量，所以小孩子和趙飛燕是可以坐在上面玩耍的，私心想來，這可真是一種奇妙的體驗，不過你若想要嘗試的話，一定得先做好安全防範。

王蓮何以叫「王蓮」呢？此名來自英文中譯，其英文名是Victoria，就是「維多利亞女王」（Queen Victoria）。王蓮原產於美洲，維多利亞時期被引入英國，彼時的英國人驚訝於其巨大的體形、濃烈的芬芳和有力的葉盤，覺得她簡直就是水中植物之王，正好與陸上的女王相稱，於是就稱她為Victoria。事實上，維多利亞女王可不是泛泛之王，彼當政之時，英國衝上了世界之巔，成了名副其實的「日不落帝國」，可惜在彼時的中國啊，正逢晚清亂世，執政的利益集團夜郎自大又故步自封，竟然一路衰落到「睡獅」的地步，兩次鴉片戰爭，睡獅均不敵英倫獅，此後的甲午、庚子，更是每況愈下，這些事情，都發生在維多利亞女王的任內。

　　談回王蓮吧，英國人既然稱她為女王，足見其在英人心目中的地位，她的確有一種女王的氣勢。

　　各種蓮之中，王蓮葉最大，蓮葉也不小，睡蓮葉比較嬌小，葉徑才10釐米，可是，這個世界上還有一種最小的睡蓮，芳名「侏儒睡蓮」，葉徑才有區區的一釐米，也就是一個小指甲大小，其花兒甚至更小，這麼迷你的睡蓮，是不是很嬌小可人？侏儒睡蓮原產於非洲的盧旺達，一度因為人類活動而幾遭滅絕，幸而園藝家保留了其種子，但是令人頭痛的是，這種子死活都發不了芽，所以侏儒睡蓮一直都不能重見天日，直到2010年，一位英國的園藝家Carlos Magdalena才揭開了個中的祕密，原來侏儒睡蓮萌發時需要二氧化碳的，所以她不能如一般的睡蓮那樣在深水中萌發，而必須在淺水中萌發。今天，這位嬌嬌柔柔的小公主總算是浴火重生了，大家才有幸得睹她的嬌顏。

　　最後談談芡吧。芡是什麼呢？芡可以說是我們「最熟悉的陌生人」。為什麼陌生呢？提到芡你只會想到小倩和欠揍吧，萬萬想不到是一種植物的。為什麼熟悉呢？因為我們中華美食呢，有一種

絕藝叫「勾芡」，勾芡就是在菜餚快起鍋的時候，往裡面倒入用芡粉和冷水調和好的芡汁，然後再攪和幾下，如此就可以增加湯汁中的粘稠度，別有一番香濃的甜蜜。那麼芡粉是什麼東西呢？芡粉就是芡的種子（也叫芡實）內含的粉末，主要成分是澱粉。其實現在我們勾芡已經很少用到真芡粉了，現在一般用的是太白粉（馬鈴薯粉）、玉米粉、藕粉、菱粉、綠豆粉等等，都是富含澱粉的，澱粉化到湯汁中湯汁自然就濃稠了。

雖然現在真芡粉用得少了，可是由於歷史的原因，無論用什麼粉兒勾兌湯水兒，一律都叫勾芡，這個，就是文化的魅力和影響吧。芡又叫「雞頭蓮」，這個名字貼切多了，芡有點兒叫人不知所云，可是「雞頭蓮」一叫大家不用看就知道她長得什麼樣兒，肯定是其他都像蓮，但是花兒卻像是一顆雞頭。那內含芡粉的芡實，就長在雞頭裡。雞頭蓮比起蓮花和睡蓮來的確醜了點兒，但也別有一番趣味，真真有如一隻落湯雞。

最後總結一下吧，這一篇拙文裡，為兄談到了各種蓮，有聖潔端麗的蓮花，有秀麗可人的睡蓮，有王者風範的王蓮，有迷你嬌柔的侏儒睡蓮，還有有如小雞的雞頭蓮，僕不能不感佩造物主啊，因為你的神妙，自然界才如此多姿多彩！

水芙蓉與木芙蓉

　　水芙蓉與木芙蓉，到底誰是真芙蓉？其實，兩個都是真芙蓉。水芙蓉，也就是蓮花，也就是荷花，蓮科。木芙蓉，也就是芙蓉，也就是木蓮，錦葵科。

　　雖然兩個都是真芙蓉，可今天談到芙蓉啊，十有八九指的是木芙蓉，但若講到「出水芙蓉」，那自然又是指蓮花了。

　　事實上，愈是在古代，芙蓉就愈是指水芙蓉，愈是到現代，芙蓉就愈是指木芙蓉。請看屈原先生的《離騷》，「製芰（jì，菱）荷以為衣兮，集芙蓉以為裳」，菱荷葉製成上衣，蓮花編成下裙，這裡的芙蓉，就是指水芙蓉，不過這一副打扮，真的好像哪吒啊。

　　再如李白的名句「清水出芙蓉，天然去雕飾」，清水裡的芙蓉，當然是水芙蓉，仔細想一想，蓮花之美，的確是清麗絕倫，宛如天生麗質的清秀佳人。

　　清代小說《鏡花緣》裡有一段「婉兒論花」十分精彩，上官婉兒對太平公主說，花兒可分為十二師、十二友、十二婢，其中水芙蓉被歸入「十二師」，木芙蓉卻被歸入「十二婢」。為什麼婉兒珍愛水芙蓉而看輕木芙蓉呢？她是這樣解釋的：

　　「所謂師者，即如牡丹、蘭花、梅花、菊花、桂花、蓮花、芍藥、海棠、水仙、臘梅、杜鵑、玉蘭之類，或古香自異，或國色無雙，此十二種，品列上等。當其開時，雖亦玩賞，然對此態濃意遠，骨重香嚴，每覺肅然起敬，不啻事之如師，因而叫作十二師。」

　　那麼芙蓉呢，婉兒分說：「芙蓉生成媚態嬌姿，外雖好看，奈

朝開暮落，其性無常。如此之類，豈可與友？」這篇宏論端的十分高妙，到底是歷史上有名的才女，當然這席話實際上是李汝珍借婉兒之口講出來的。同時我們也可看出，到了清代，「芙蓉」就專指木芙蓉了，如若要指蓮花，前面就非得加上一個「水」字。

好了，水芙蓉和木芙蓉是不一樣的。水芙蓉在前文〈睡蓮非蓮花〉中講過了，接下來，僕就簡單介紹一下木芙蓉吧。

約定成俗謂之宜，當今之世，「芙蓉」就是指「木芙蓉」，那麼下文中的「木芙蓉」，一般就簡稱為「芙蓉」。

芙蓉乃是落葉灌木，株高1～3米，故此也叫「芙蓉樹」。芙蓉葉是互生的，葉面3～5裂，猶如小孩兒胖胖的手掌，還蠻可愛的。葉子兩面有星形的絨毛，摸起來毛絨絨的，彷彿獸皮。

芙蓉身上哪兒最美？當然數那芙蓉花了。芙蓉花之美，美得驚心動魄，美得令人窒息。宋朝詩人鄭域有云：「妖紅弄色絢池台，不作匆匆一夜開。若遇春時占春榜，牡丹未必做花魁。」芙蓉花的花期是8～10月，這樣就不能和春日盛開的牡丹花一齊爭豔了。

在中文世界，牡丹是花王，芙蓉卻可與之媲美。在西方世界，玫瑰是花王，可芙蓉的英文還是Cotton Rose（棉花玫瑰）呢。所以啊，東方西方，大家一致公認芙蓉花配得無冕之王。

好了，芙蓉花既然如此美麗，可她究竟美在哪兒呢？

芙蓉花兒很大，直徑約有8釐米，花兒單生在枝頭和葉腋，亭亭玉立、搖曳多姿。芙蓉花是重瓣花，花瓣重重疊疊一層一層的，顯得十分雍容典雅。芙蓉花的花色有白色、粉色、紅色、黃色，另外還有最最迷人的「三醉芙蓉」。

「三醉芙蓉」到底是怎麼回事呢？上午開白花，中午變粉色，晚上變嫣紅，然後就謝了。一天之內可以欣賞這麼多花色的變化，的確蠻奇妙的，這就彷彿芙蓉仙子飲醉了酒，慢慢地粉臉泛起紅

量，真的好迷人哪！

芙蓉的花期在8～10月，秋天的花兒，實乃菊花之友。芙蓉花開得非常有個性，早上開花晚上就謝，而且大半個秋天堅持不輟，每天花開花謝，花謝花開，這也難怪婉兒諷她「其性無常。豈可與友？」，但是從觀花的角度，一天就可看完花兒的生命歷程，還是很難得的。

蓮花生在水中，芙蓉生在何處呢？芙蓉常生在山上、路邊和水邊，其中水邊的芙蓉尤其水靈嬌豔，伊們有一個專屬的芳名叫「照水芙蓉」（不是出水芙蓉），以水為鏡子顧影自憐，真的好自戀啊。不由想到理查有名的曲子《水邊的阿狄麗娜》，阿狄麗娜，伊是不是芙蓉仙子下凡間呢？

當然不是了，阿狄麗娜是一個洋人兒，怎麼會是中國仙界的仙子呢？不過阿狄麗娜另有一個驚豔動人的愛情故事，故事出自古羅馬詩人奧維德的《變形記》：

古代的賽普勒斯，有一位國王皮格馬利翁，天才一流藝術家，不愛執政愛雕刻，有天大王用象牙，雕了一具女神像，皮兒叫她阿狄麗娜。

阿狄麗娜多美豔，明眸善睞攝驚魂，曲線玲瓏動人心，花顏淺笑春意盎，活色生香惹人憐。

皮格馬利動了心，朝朝暮暮願流連，柔情款款親芳澤，含情凝睇話美人，可惜啊美人不回應，為伊消得人憔悴，衣帶漸寬終不悔。親愛的女神維納斯，見那皮兒愛索了魂，心意激蕩有靈犀，吹氣如蘭喚阿狄。阿狄麗娜甦醒了，嫁給了皮格馬利翁。有情人終成了美眷，幸福勝過白娘子許仙。

為什麼說他們的幸福勝過白娘子許仙呢？因為白娘子許仙的愛情是從有到無，有個法海和尚橫插一腳，搞得人家妻離子散，許仙

被囚金山寺，白娘子被關雷峰塔。反觀皮格馬利翁和阿狄麗娜，他們的愛情卻是從無到有，從不可能到實實在在，因為愛神的眷顧，活人兒和雕像的愛情也得以成真。唉，這只能說，和尚無愧於和尚，愛神無愧於愛神，和尚當然是不解風情、看破紅塵的，愛神當然是妙解風情、成人之美的。

好，這就是阿狄麗娜的故事，希望大家也如阿狄麗娜一般，受到愛神的青睞，可不要像許仙一般，受到法海的青睞。至於《水邊的阿狄麗娜》這首曲子呢，僕覺得，和「照水芙蓉」真的蠻稱的，阿狄麗娜縱然不是芙蓉仙子，那風姿、那氣質、那美貌也像極了一枝擬人化的芙蓉花兒。

音樂和神話嘮嗑完了，接下來，還是轉回芙蓉花吧。水邊的木芙蓉很美，水中的水芙蓉也很美，那麼，當水邊的木芙蓉花恰逢水中的水芙蓉花，那該是何等的美景呢？可是，這美景很難見到的，因為水芙蓉是夏花，木芙蓉是秋花，她倆挺難聚在一塊兒的，但是運氣好的話，在暮夏初秋，或許可以看到這難得的「水木芙蓉二重奏」。白樂天有詩云，「莫怕秋無伴醉物，水蓮花盡木蓮開」，說的就是這個道理。蘇東坡亦有詩云，「溪邊野芙蓉，花水相媚好。坐看池蓮盡，獨伴霜菊槁」，說的也是這個道理。另外，芙蓉和菊花都是秋花，她們倒是蕭蕭秋日裡的好姐妹，一起盛開，一起枯槁，人生之秋，豈非也很需要這樣不離不棄的朋友？上官婉兒指責芙蓉「朝開暮落、其性無常、不可為友」，可是從秋日之友的角度來看，芙蓉還是蠻可貴的呢。《伊索寓言》有良言道「Fair weather friends are not worth much」（好天氣朋友不珍貴），換句話說，像芙蓉這種寒秋中的朋友、逆境中的朋友才珍貴啊！當然，唯有菊花，才配得芙蓉。

王維有一首名詩《辛夷塢》，「木末芙蓉花，山中發紅萼。澗

戶寂無人，紛紛開且落。」大家看仔細了，這裡的「木末芙蓉花」並不是芙蓉花，而是辛夷花，也叫玉蘭花，難怪這個塢叫辛夷塢了。辛夷樹是一種小喬木，其花兒開在樹枝的端頭，辛夷花長得像蓮花（所以她又叫「木末芙蓉花」），有開白花的，叫白玉蘭，有開紫紅花的，叫紫玉蘭。那麼，《辛夷塢》中的辛夷花，是哪一種玉蘭呢？既然是「山中發紅萼」，當然是紫玉蘭了。

芙蓉花還有一個雅名叫「拒霜」，秋花拒霜，這個名字還是蠻稱的，可是蘇東坡卻不這麼認為，其詩《和述古拒霜花》云：「千林掃作一番黃，只有芙蓉獨自芳。喚作拒霜知未稱，細思卻是最宜霜。」蘇居士到底是眼界高絕，別人只看到芙蓉花拒霜的一面，他卻看到宜霜的一面，芙蓉宜霜，感覺蠻和美的。

納蘭性德有妙詞《浣溪沙》云：「消息誰傳到拒霜？兩行斜雁碧天長。晚秋風景倍淒涼。銀蒜押簾人寂寂，玉釵敲竹信茫茫。黃花開也近重陽。」詞中的拒霜也好，斜雁也好，黃花（菊花）也好，俱是晚秋淒美蕭索之景，王國維說「一切景語皆情語」，納蘭公子為何眼見如此的淒美呢？還不是多情和離別惹的禍？詞裡的意思，就是要等到深秋時節，納蘭公子才會回來，與他深愛的伊人團聚。可是這一段空白期呢，伊人恐怕只能無聊地看著銀蒜押簾，木然地用玉釵敲竹了，納蘭公子想到此節，心中只有心酸，和由心酸體味到的淡淡的淒美。

《紅樓夢》裡有一句漂亮的芙蓉詩，「芙蓉影破歸蘭槳，菱藕香深寫竹橋」，這一句實在是太絕了，芙蓉影破了，是因為我們在划船，菱藕處芳香、幽深，和那竹橋配在一塊兒，看起來多麼有畫意！不過這裡的芙蓉，應該是水芙蓉，水芙蓉在水中才有那麼多影子、才會被頻頻劃破嘛！

其實，《紅樓夢》裡不但有芙蓉詩，有芙蓉花，還有兩個出類

拔萃的「芙蓉女兒」呢。她們是誰呢？一個是黛玉，一個是晴雯。花開兩朵，各表一枝，先來講黛玉。第六十三回，「壽怡紅群芳開夜宴」，話說大觀園給寶玉慶生啊，到了晚上夜宴時，大家玩起了掣籤，寶釵掣得一枝牡丹，探春掣得一枝杏花，李紈掣得一枝老梅，湘雲掣得一枝海棠，麝月掣得一枝荼蘼花，香菱掣得一枝並蒂花，襲人掣得一枝桃花，那麼黛玉呢？黛玉掣得的是芙蓉花，那籤上畫著一枝芙蓉，寫著「風露清愁」四個字，籤的反面寫著一句歐陽修的舊詩，「莫怨東風當自嗟」。

以芙蓉花對觀林黛玉，一樣的秀麗絕倫，一樣的清雅脫俗，一樣的紅顏薄命、朝開暮謝，曹先生將林黛玉比作芙蓉花，看來是蠻相稱的。

那麼晴雯呢？這就要看第七十八回「癡公子杜撰芙蓉誄」了，這一回中，晴雯由於被王夫人趕回哥哥嫂子家，氣憤之下又染了重病，竟然一縷香魂歸了極樂，寶玉平日裡最愛晴雯，他聽到這消息還不要抓狂？有一個小丫頭最機靈不過，編了一大套活靈活現的神話，說晴雯雖死，卻已蒙天神的眷顧做了芙蓉女神，寶玉還真信了，於是就為晴雯寫下了淒美婉麗的《芙蓉女兒誄》，又趁著夜月在芙蓉花前祭吊、讀誄、焚帛、奠茗，猶依依不捨。有了這一段緣分呢，晴雯就算不是真的芙蓉女神，那也是寶玉和許多讀者心中的芙蓉女神了，你說對嗎？

所以啊，晴雯和黛玉，兩枝芙蓉花，她倆真的挺像的，難怪脂硯齋會說「晴有林風」呢。

天下芙蓉哪兒最靚？該是四川和湖南吧。湖南有美名曰「芙蓉國」，四川的省會成都則美名曰「芙蓉城」，可見兩省芙蓉之盛貌。川湘又盛產美人，那麼她們也是芙蓉女兒了。大家若秋入川湘，可不要錯過了芙蓉和芙蓉女兒融成的佳景。

水仙不開花

　　水仙不開花，此話怎麼講？大家都知道，她是在裝蒜。為什麼呢？因為水仙不開的樣子，真的很像大蒜。這篇文章，就是要談一談水仙和大蒜的各有千秋。

　　話不絮煩，先來聊聊水仙。水仙是石蒜科水仙屬的芳草，又名金盞銀台、洛神香妃、凌波仙子、雅蒜等。

　　為什麼叫「金盞銀台」呢？因為水仙的花冠（花瓣之總括）分內外兩層，外層是六片白色花瓣組成的「銀台」，內層是金黃色碗形副花冠之「金盞」，銀台之內有金盞，金盞之內有金花蕊，故其名為「金盞銀台」。

　　那麼「洛神香妃」呢？洛神是中國神話中的女神，伊本是伏羲氏的女兒，芳名宓妃，有一天宓妃不幸沉入洛水溺死了，伊死後一縷香魂就化為了洛水女神，也就是洛神，也就是香妃。可是，這和水仙有什麼關係呢？是這樣的，水仙，水中的仙子，其實伊是水陸雙生的，生長在陸上伊是陸上的仙子，玉立在水中呢，伊就是水中的仙子，水中的仙子，是不是很像洛神香妃？「凌波仙子」也是這個道理。

　　家養水仙是挺容易的一件事兒，因為可以完全水培，都不用加土的，不過還是要加一些固定物，譬如沙子、卵石等。為什麼培養水仙不用加土呢？因為水仙有個大鱗莖，這個大鱗莖裡含有

豐富的養分，水仙根本都不用再從土壤中吸收養分了，不求人的。所以家養水仙，每天只用澆澆清水，讓那清水淹到鱗莖三分之一的位置就好。其實水仙水培之外，也可以土培的，土壤雖不是水仙開花所必需的，但有了它也算得錦上添花，水仙的營養會更好。

那麼，水仙為什麼又叫「雅蒜」呢？這就簡單了，水仙不開花，那是在裝蒜，不過她裝的不是一般的大蒜，而是一棵文雅秀美的大蒜，所以，她不做雅蒜，還有誰做得雅蒜？

接下來，簡單講一講水仙的仙姿吧。水仙若是沒開花，雅蒜，下面的鱗莖像蒜頭，往上則像蒜薹、蒜葉。可要是開了花呀，乖乖龍的東，女大十八變，水仙花開，金盞銀台，這一下氣勢氣質就不凡起來，非常的素雅，尤其的漂亮，又兼十分的清香，伊亭亭玉立在水面上的樣子，實在是嫻雅靜美，令人心怡。

黃庭堅《王充道送水仙花五十枝，欣然會心為之作詠》詩云：「凌波仙子生塵襪，水上輕盈步微月。是誰招此斷腸魂？種作寒花寄愁絕。含香體素欲傾城，山礬是弟梅是兄。坐對真成被花惱，出門一笑大江橫。」詩中的凌波仙子自然是水仙，「生塵襪」取自曹植《洛神賦》的「凌波微步，羅襪生塵」，曹植描寫的是洛水女神，水仙正好也是洛水女神，所以這裡就被借用了。大家幻想一下，水仙花開儀態萬方的在微風之中、月光之下徐徐搖曳，那個畫面真的很像一位仙女在水面上輕盈綽約地漫步。黃庭堅看花不由看得癡了，淒美的寒花又勾起了心中的傷感，可是離了花、出了門、看見壯麗的大江，不禁又豁然開朗、笑了起來。看來啊，人不但要有欣賞花鳥樹木的小情趣，還得有觀看大江大海的大情趣，一個是探幽入微，一個是心曠神怡，這麼調和一下，就可兼具藝術的氣息和大氣的胸懷了吧。水仙為什麼是「寒花」呢？因為她是冬天開放的，和梅花、山礬是一時的姐妹。中國人過年的時候特別喜歡種水

仙，如果水仙恰逢春節開放，那就是一個好兆頭，預示著新年會吉祥如意的。

秋瑾有詩《水仙花》，「洛浦凌波女，臨風倦眼開。瓣疑是玉盞，根是謫瑤台。嫩白應欺雪，清香不讓梅。餘生有花癖，對此日徘徊。」看來女中豪傑秋女士，最愛芳草是水仙。

拉拉雜雜講了這麼多，大家可以看出來水仙在中文中多是指水中的仙女，尤其是洛水仙子，其實，在西方，水仙也有一個有趣的所指，那就是「自戀」。為什麼是自戀呢？這來源於一個希臘神話。神話是這樣的：

希臘有位美少年，他名喚作納希瑟斯（Narcissus），有天兒他在林中漫步，可巧碰到了林中仙女小艾蔻（Echo），艾蔻對他一見鍾情，深深深深愛上了他，於是緊緊跟隨他。小納感覺到有人跟蹤他，於是大叫「誰在那兒？」艾蔻便重複「誰在那兒？」（Echo正是「回聲」之意）艾蔻最終顯了身，向他表白要擁抱他，可恨小納不解風情，小鹿亂撞跑開了，並要求艾蔻不要再滋擾他。可憐艾蔻芳心碎，鬱鬱寡歡處幽谷，此生不再有愛情，她一無所有，除了回聲。今天你到幽谷去，是不是還能聽到各種回聲呢？這就是艾蔻的回聲，可能她仍癡癡地用回聲的夢囈來呼喚納希瑟斯吧，可惜納希瑟斯絕不回應。可憐的艾蔻，可恨的納希瑟斯，復仇女神知曉了，她要嚴懲納希瑟斯（男歡女愛你情我願的事兒，憑良心講小納有點兒冤，只怪艾蔻太癡情了），復仇女神出手了，她引誘小納來到池塘邊，池中的水明如鏡，小納看到自己的水中倒影，他和艾蔻一樣，不由也看得癡了（看來他實在是秀色可餐），復仇女神抹豬油，小納豬油蒙了心，深深愛上了那倒影，廢寢忘食、不眠不休，枯坐著、陪伴著、守護著，他自己的倒影，最後他就死了，死於奇異的自戀，死後他就化成了一株水邊的水仙，這樣仍舊

可以孤芳自賞、顧影自憐。

那麼，大家明白水仙為什麼意味著「自戀」了吧。由這個故事看出，人不可以太自戀的，太自戀會悲劇的。在英文中，水仙花就是Narcissus（納希瑟斯），自戀就是Narcissism（納希瑟斯病），其他西文中，寫法也都是類似的變形，由此可見納希瑟斯的故事影響力還是蠻巨大的。

水仙就聊到這裡，下面，簡單談談我們常吃的大蒜。大蒜是世界各國普遍用到的調味食材，其蒜頭、蒜薹、蒜葉都可以吃的，當然用最多還是蒜頭了。大蒜分為獨子蒜和多瓣蒜，大家應該都吃過。獨子蒜的蒜頭僅有一瓣，球形的一瓣，用起來方便，一顆只用拍一下，整個兒皮就可以剝下來了。多瓣蒜呢，比較麻煩，蒜子和橘子一樣，一瓣一瓣分開的，每瓣都有一層皮，這剝起蒜皮來就麻煩一點兒了。一般獨子蒜比較辣，大家如何選擇呢，就看自己喜歡了。

蒜的家族裡面，大蒜之外，還有小蒜。小蒜是什麼個奇怪的東西呢？其實大家很可能吃過的，如果叫它另外一個名字，你可能會想起來，它也叫「薤（jiào）頭」，其鱗莖很像蒜頭，但是剝開來呢，裡面卻有如珠子般大小的白色洋蔥頭，也就是說，它的鱗莖不是像獨子蒜那樣一整塊兒，也不像多瓣蒜那樣分成許多瓣兒，而是像洋蔥一樣，是一層皮一層皮這樣包起來的，或者說像俄羅斯套娃那個樣子。小蒜味道挺好的，尤其鹽醋醃過之後，酸酸甜甜、脆脆爽爽的，是上好的醃菜，現在大家想起來了嗎？

小蒜在古文中名叫「薤」（xiè），薤這個東西，在古典文學中可是挺有名號的。譬如古代經典輓歌《薤露》：「薤上露，何易晞，露晞明朝更復落，人死一去何時歸？」這輓歌有點兒像《青春舞曲》，「太陽下山明朝還會爬上來，花兒謝了明年還是一樣地

開，美麗小鳥一去無影蹤，我的青春小鳥一樣不回來」，人生苦短，有如朝露，薤之露，由此看來挺傷感的。

《薤露》的背後，也有一個動人的歷史故事，故事的主角是秦漢之交的末代齊王田橫。

秦末之時，秦失其鹿天下共逐之，最後劉邦擊敗項羽奪取了天下，許多諸侯王都成為了失敗者，要麼被殺要麼投降，田橫卻不願折節，他帶著五百門客東徙海島（今山東即墨之田橫島）、繼續負隅頑抗。劉邦當然不願看到有人和他對抗，於是派出使者前去威逼利誘：「見我就有王侯之封，不見就有滅頂之災！」田橫糾結了半天只好不情不願地屈服，他帶著兩位門客西上洛陽去覲見劉邦，可是快走到洛陽城門口的時候，漢使攔住他們說：「臣下朝見天子，必先熏香沐浴！」田橫那個氣啊，他又羞又愧忿忿然地說道：「當年他為漢王，我是齊主，我們兩個平起平坐，可是如今他做了皇上，我卻成了亡國的俘虜，折節來做他的臣子，卻還要受這種刁難！田橫大好男兒，怎能受這般折辱！」於是田橫憤然拔劍、自刎，用鮮血洗淨了他的屈辱。

《薤露》，正是門人為田橫吟唱的輓歌。隨後，田橫的五百門客竟然一起自殺殉主了，其豪氣慘烈，億民為之變色。

今天來看，田橫之死，頗有項王烏江自刎之氣勢，門客之死，雖是「士為知己者死」，但又似並無必要。每一個時代，主流的價值觀會有所變化，我們今天所珍視的個體的生命、家庭，在古時候卻不是最重要的，只能這樣來理解古人吧。

《薤露》之後，曹操又有奇詩《薤露行》：「惟漢廿二世，所任誠不良。沐猴而冠帶，知小而謀強。猶豫不敢斷，因狩執君王。白虹為貫日，己亦先受殃。賊臣持國柄，殺主滅宇京。蕩覆帝基業，宗廟以燔喪。播越西遷移，號泣而且行。瞻彼洛城郭，微子為

哀傷。」這一首盪氣迴腸的史詩，簡明扼要地描繪出東漢末年的亂世畫面。「漢廿二世」就是東漢第十二任皇帝（廿二是從西漢的漢高祖開始算），漢靈帝劉宏，劉宏之前是他的叔叔漢桓帝劉志，這兩位合在一起就是中國歷史上大名鼎鼎的「桓靈二帝」。漢桓帝時發生了「黨錮之禍」，漢靈帝時發生了「黃巾之亂」，靈帝又有名言「張讓是我父，趙忠是我母」（張讓、趙忠是兩個宦官），總而言之，東漢王朝就是這兩位皇上給敗壞掉的，以致諸葛亮在《出師表》中寫道，「親小人，遠賢臣，此後漢所以傾頹也。先帝在時，每與臣論此事，未嘗不歎息痛恨於桓靈也！」漢靈帝有兩位皇子活到成年，長子是被董卓廢掉的漢少帝劉辯，次子就是東漢末帝，漢獻帝劉協。東漢之末，劣幣驅逐良幣，群醜粉墨登場，有沐猴而冠的何進，有作奸犯科的十常侍，何進和十常侍拼了個同歸於盡，卻又招來了「賊臣持國柄」的董卓，董卓當權之後，很快廢少帝立獻帝，結果激起「十八路諸侯討董卓」，董卓為了閃避兵鋒，於是下令鴆殺少帝、焚毀洛陽、西遷長安，此之所謂「殺主滅宇京」，故都洛陽的人民呢，流離失所，猶如怒濤中的小舟、狂風中的枯葉，渾然喪失自我，只能為亂世所霸凌，「瞻彼洛城郭，微子為哀傷」，總算感同身受到殷朝末年微子的哀傷了。曹操將此詩命名《薤露行》，應該是在哀挽人類的命運、感歎人生苦短、急於建功立業吧。

彼時的曹操，的確是率性豪邁、令人傾服。「十八路諸侯共討董卓」，可事到臨頭，真正打了董卓的只有曹操和孫堅。曹操有名言，「設使天下無有孤，不知幾人稱帝，幾人稱王？」這句話真的不是吹牛，在他那光彩照人的一生中，掃平了北方群雄，天下終成三分，他的「薤露之行」，此生不虛此行。

好了，談回大蒜小蒜吧。大蒜小蒜均為葷菜，何以叫「葷菜」呢？葷菜不是肉菜嗎？其實，在今天，葷菜固然指肉菜，但是在古代，葷菜本是指蔥、蒜、韭、薤等蔥科的植物，這些植物都含有大蒜素，因此都有一股衝味兒，另外有一個詞兒「腥」才是指的肉菜。大家知道出家人往往是忌食「葷腥」的，可是，他們慈悲為懷戒食「腥菜」好理解，為什麼還要戒食「葷菜」呢？這正是因為大蒜素在裡面作祟。葷菜都含大蒜素，大蒜素其實有許許多多的好處，如抗菌、抗血栓、降血壓等，但是，它又偏偏能激動性慾，這個會擾亂人家出家人清修的，所以他們要戒葷。

　　在歐洲的傳說裡，大蒜還有一個了不起的妙用，可以驅邪的，什麼幽靈、僵屍、吸血鬼之類的，統統對大蒜害怕得要命，簡直就是兵來將擋、鬼來蒜擋，這個和東方的桃木、狗血、撒鹽倒是挺有異曲同工之妙的，所以，大家若是晚上睡覺害怕，為了精神上得到鼓舞，可以在床頭掛一把桃木劍或是一串大蒜。

無花果

　　無花果，它的名字很奇妙，未開花就結了果，簡直有悖於天理嘛，真的是這樣的嗎？

　　其實無花果並不是真的不開花，它的花兒開得很低調很隱晦，開在你萬萬想不到的地方。古印度有一句俚語叫「無花果裡尋花兒」，比喻一件絕不可能的事情，猶如中文的「緣木求魚」。可是現在，這件絕不可能的事情卻被人們尋到了，無花果的花兒開在哪兒？它就開在果子裡！

　　無花果隸屬於桑科榕屬，榕屬也叫無花果屬，所以無花果，狹義上是指無花果這個種，廣義上則是指無花果這個屬，各種各樣的榕樹。我們先聊一下無花果這個屬。

　　無花果屬裡囊括了八百多種大喬木（如榕樹、菩提樹）、小喬木或灌木（如無花果、三角榕、牛奶榕）、藤本（如薜荔、愛玉），雖然它們大小不同千姿百態，但它們又有雷同的一面——果兒都是「無花果」！

　　「無花果」的花兒叫做「隱頭花序」（花兒隱在果子裡），這花兒不比別花兒，別的花兒是大刺刺爭奇鬥豔於外界，這花兒卻是羞答答金屋藏嬌於果內。大家在外邊眼見的，只是果兒的由青轉紅的顏色變化，卻想不到果兒內的小世界正在上演開花、傳粉和結子的好戲呢。

　　無花果屬的各種植物分兩類：雌雄同株和雌雄異株。雌雄同株就是男女不分、雌雄同體的，這樣的植物既開雄花又開雌花，或者雌蕊雄蕊乾脆擠到一朵花裡面，叫做兩性花。雌雄同株的好比榕

樹、菩提樹，它們的雌雄小花開在一個果子裡，以果蒂為下方，那麼雄花在上雌花在下。

雌雄異株的如無花果、三角榕、牛奶榕、薜荔、愛玉，它們是男女有別的，雄株開雄花結雄果，雌株開雌花結雌果。

可是無論哪一種情況，無花果屬都是異花傳粉的，就是說，就算像榕樹、菩提樹這樣的，它們的雌雄小花開在一個果子裡，但這一個果子裡的雄蕊是不能令雌蕊受孕的，必須要有外界的花粉。無花果屬這個機制，可以避免近親繁殖，對群體的素質是極有好處的。

可是這裡問題就來了，無花果密封得跟個罐頭似的，外界的花粉怎麼鑽進來給它傳粉呢？其實無花果沒有罐頭那麼嚴絲合縫的，在它幼果之時，它是有隙可乘的，在果蒂的對面，果子的頂端，有一條細細的孔道通入無花果內的小世界。可是光有孔道還不夠，這麼一個小孔，只是憑藉風力的話，風兒將花粉吹入無花果的概率幾乎就是零，所以這個工作還需專家負責不可，這個專家叫做「榕小蜂」。

榕小蜂是專給各種榕樹傳粉的小蜜蜂，它長得小巧玲瓏，長度約有二毫米，剛好可以鑽進無花果。榕小蜂分雌雄，雌蜂善飛行，雄蜂沒翅膀。榕小蜂的蜂寶寶就是在無花果內孕育長大的，它們吃無花果的，住無花果的，戀愛在無花果裡，洞房也在無花果裡。

蜂兒夫妻圓房之後，方是雄蜂颺起雄風之時，別看他沒翅膀啊，他這個時候可威武了。這會子無花果已然成熟，已是「天衣無縫」了，宛如一座監獄，而果內的雄蕊剛剛長成，花藥裝滿了花粉，所以榕小蜂渾身也會沾滿花粉，可是蜂兒要傳粉，就必須要「越獄」了。這個時候雄蜂兄弟們出面了，他們協力同心將無花果咬開一條隧道，然後他們就累死了，而她們則可以逃出生天了。

榕小蜂妻子們越獄後，她們會鑽入另一顆無花果，這顆果一定得是幼果，表面天然有隧道的（無花果的幼果有縫，熟果無縫，熟果後來被咬開才又有了縫），別忘了榕小蜂原來在熟果內渾身沾滿了花粉，這樣呢，榕小蜂就將別的果兒內的花粉傳給了這顆果內的雌蕊，傳粉大功告成了！

無花果也不會虧待榕小蜂，它專門為榕小蜂提供了育嬰房——癭花。癭花其實是一種短花柱的雌花，雌蜂會在它的柱頭上產卵，柱頭下依次是花柱和子房，因為這花柱短，雌蜂會將卵產到癭花的子房裡，這子房將會成為蜂寶寶的兒童樂園，牠們從卵中孵化之後，會在這子房裡大快朵頤，幸福無憂地成長。

講到這裡，大家或許會想，無花果的雌花都給寄生了，它自己怎麼繁殖呢？自然界是很細膩很奇妙的，無花果給了榕小蜂癭花吸引牠們來傳粉，可是也給自己留了正常的雌花好受粉。這正常的雌花，是長花柱的雌花，因為它的花柱長，所以榕小蜂沒法在它的柱頭上產卵，那太高了不方便。

所以榕小蜂和無花果真的做到了完美的雙贏，「我做你的媒人，你做我的育嬰房」，自然界太和諧了。榕小蜂的嬰兒成長以後，下一輪的洞房、挖隧道、越獄、到別的幼果中傳粉和產卵又開始了。

好了，無花果屬就聊到這裡，下面聊聊無花果這個種。

無花果原產於中東，現已傳遍全球，分為數百個品種。無花果樹身上最討喜的就是它的「無花果」，果期在夏秋兩季，夏天成熟的叫「夏果」，秋天成熟的叫「秋果」，不同的品種，其夏果、秋果的外形、數量、味道都會有差異。

譬如美國的名品「瑪義斯·桃芬」，夏少秋多，其夏果長卵形，重約100～150克，秋果圓錐形，重約80～100克，秋果比

較小。再如法國的「布蘭瑞克」，其夏果圓錐形，重約100～140克，其秋果圓錐形或卵形，重約40～60克，也是秋果比較小。

「布蘭瑞克」的優點是果肉細膩而甜美，「瑪義斯·桃芬」則勝在果皮有韌性、運輸較方便，但是總的來說，無花果還是禁不起過多的折騰的，這就是在中國很難買到無花果的鮮果的原因。不過，買不到鮮果，我們還是買得到乾果的。鮮果可以風乾或曬乾，因為無花果含糖多，它的乾果猶如蜜餞過一般，百毒不侵，微生物絕難生存，而且乾果自然是極好運輸的。其乾果的外形，有點兒像小型的柿餅，但是咬開了，裡面卻有幾百顆芝麻樣的小種籽，如果你吃慣了，真的是蠻甜美可口的。現在出口無花果的乾果的，主要是一些中東和地中海沿岸的國家，譬如土耳其、伊朗、埃及等等，中國的新疆也出產一些小個兒的無花果，品質也挺不錯的。

無花果是非常好的營養美食，果內含有極豐富的纖維素、銅、錳、鎂、鉀、鈣和維生素K，它還含有許多抗氧化劑，如沒食子酸、綠原酸、丁香酸、兒茶素等，有一些研究表明，兩顆中等大小的乾果（共80克）就能顯著提高血漿的抗氧化能力。抗氧化能力有什麼了不起的呢？它能令你青春長駐，容顏不衰，還不錯吧？

無花果有八百多個品種，但是按照與榕小蜂的關係，可以分為這三類：親密型、陌路型、中間型。親密型的無花果是榕小蜂的至交好友，它必須依賴榕小蜂給它傳粉，沒有受粉的果子會早早地脫落。陌路型呢，它自然與榕小蜂形同陌路了，它不需要榕小蜂傳粉，因為它有一項非凡的本事——單性結實，就是說，它不用受精都可以結果實的，好比唐僧喝了子母河的水，自個兒都能生孩子。它們的遷移性非常好，因為它們從不依賴榕小蜂。

至於中間型的無花果呢，它們是沒有榕小蜂就單性結實，有了榕小蜂就更好，憑藉榕小蜂的傳粉，它們會果實累累。

前邊講過，無花果是雌雄異株的。其雌株開雌花結雌果，雄株開雄花和癭花結雄果。那麼，雌果和雄果都可以吃嗎？事實上，雄果不好吃，地中海的傳統是作為山羊的食物，它們是「不可吃的無花果」。而雌果才是美味的，是「可以吃的無花果」。不過，雄果雖然難吃，它們也是很重要的。

首先雄果要製造花粉，其次它們裡面有癭花，有榕小蜂的育嬰室，雌果裡面長得盡是高挑修長的雌蕊，榕小蜂產不了卵、做不了育嬰室的。所以真正吸引榕小蜂的是雄果。但是，雌果和雄果長得極其相似，光憑外形，榕小蜂「安能辨我是雌雄」？這樣呢，榕小蜂就只能亂碰亂撞了，牠要是好運飛進了雄果還好，牠可以在裡面找到癭花產卵。牠要是背運飛進了雌果呢，牠可以給雌蕊傳粉，這對無花果是有利的，但是牠自己卻找不到癭花可以產卵，搞不好牠還找不到出路被終身囚禁了。所以，無花果裡面，可能是有蟲子的，但這又是正常的，這蟲子就是榕小蜂，沒有牠傳粉，無花果也不會那麼甜，所以大家吃無花果之前，要做好心理準備。不過其實也還好，那些死了的榕小蜂個頭極微小，才2毫米左右，不仔細看根本都看不見，而且小蜜蜂並不噁心吧。當然，單性結實的「陌路型無花果」，就不存在這個問題了。

好了，談了這麼多的自然界，再來談一談無花果的文化吧。

無花果原產於中東，而基督教也起源於中東的巴勒斯坦地區（古稱迦南），所以《聖經》裡面屢屢提到無花果。特別有意思的，《聖經》第一次提無花果，是在亞當和夏娃受到蛇的誘惑，偷吃了伊甸園中分別善惡樹上的智慧果之後，他們倏地得到了智慧，便因赤身露體害起臊來，他們就「拿無花果樹的葉子，為自己編作裙子」，由此看來，原來人類的第一件衣服是用無花果樹葉編的，倒是蠻時尚蠻環保的，今天看來。

《聖經》中的《耶立米書》記載，猶太人因為崇拜異教神，激怒了上帝，上帝詛咒他們，「我必使他們全然滅絕。葡萄樹上必沒有葡萄，無花果樹上必沒有果子，葉子也必枯乾。我所賜給他們的，必離開他們過去。」由此可見，葡萄樹（藤）和無花果樹，應該是當時中東重要的經濟作物。

《士師記》有一篇講「樹王」的寓言，蠻有意思的。「有一時樹木要膏一樹為王（膏油到頭上是猶太人的加冕禮），管理他們，就去對橄欖說：請你作我們的王。橄欖樹回答說：我豈肯止住供奉神明和尊重人的油，飄在眾樹之上呢？樹木對無花果樹說：請你來作我們的王。無花果樹回答說：我豈肯止住所結甜美的果子，飄在眾樹之上呢？樹木對葡萄樹說：請你來作我們的王。葡萄樹回答說：我豈肯止住使神明和人喜樂的新酒，飄在眾樹之上呢？眾樹對荊棘說：請你來作我們的王。荊棘回答說：你們若誠誠實實地膏我為王，就要投在我的蔭下，不然，願火從荊棘裡出來，燒滅黎巴嫩的香柏樹。」這一則寓言裡，橄欖樹、無花果樹、葡萄樹有大才而謙遜，荊棘無用卻高傲狠毒，我們生活中是不是有時會遇到這樣兩種人呢？中文裡的「閻王好見，小鬼難纏」，大抵可以表示類似的意思吧。

古代的以色列到所羅門王之後就分裂了，分成了北國以色列和南國猶大，北國之王是曾任埃及宰相的約瑟一系，南國之王則依舊是大衛、所羅門一系，後來北國以色列被亞述帝國攻滅了，亞述又繼續進攻南國猶大，此時的猶大王是希西家。猶大軍隊面對亞述鐵騎節節敗退，眼看敵人就要兵臨耶路撒冷城下，他們和亞述的使者和談，又受到他們的羞辱，希西家只好去哀求上帝。希西家是個虔誠信主的國王，很受上帝的待見，於是上帝就出手了，「當夜耶和華的使者出去，在亞述營中殺了十八萬五千人。清早有人起來一

無花果

1
4
9

看，都是死屍了。（列王記）」亞述人夠倒楣的，惹錯對手了，天兵天將打過來，凡人怎麼招架得住？

於是，南國猶大得救了。可是這些與無花果何干呢？是這樣的，先交代一下希西家王的背景，希西家曾為無花果所救。猶大國抵抗亞述的日子，希西家身染重病，一度甚至奄奄一息，於是他向上帝禱告，求上帝救救他。上帝喜悅希西家，於是命令先知以賽亞告訴希西家「我必加增你十五年的壽數，並且我要救你和這城脫離亞述王的手」，那麼對亞述呢，大家已經知道了，天使出手了。對希西家王呢，以賽亞令人取來一塊無花果餅，貼在國王的瘡口上，國王就痊癒了。

希西家是以色列歷史上很重要的一個王，一個原因是他成功抗擊了亞述，另一個原因是則是他的不慎招來了巴比倫的覬覦。故事是這樣的，巴比倫王子聽說希西家病而痊癒，就遣使送書信和禮物給他，希西家很喜歡巴比倫的使者，就把寶庫裡所有的財寶都給他們看，巴比倫使者看得目眩神迷，回國後就詳細上報給國王了。

從此，巴比倫王對猶大國的財寶魂縈夢牽、念念不忘，終於百年之後，巴比倫名王尼布甲尼撒帶兵攻陷了猶大，他們盡情燒殺搶掠，猶太民族澈底亡國，猶太人全被擄至巴比倫，他們兩千多年的流亡生涯自此開始。

《馬太福音》，耶穌有這樣的名言，「憑著他們的果子，就可以認出他們來。荊棘上豈能摘葡萄呢，蒺藜裡豈能摘無花果呢？這樣，凡好樹都結好果子，唯獨壞樹結壞果子。好樹不能結壞果子，壞樹不能結好果子。凡不結好果子的樹，就砍下來丟在火裡。所以憑著他們的果子，就可以認出他們來。」這句話大概可以這樣理解吧，一個人是好人是壞人，可以由果子來定義，這果子就是人的行為。你行善自然就是好人，你做惡自然就是壞人。一個不能行善

的「好人」，猶如一顆不能結果的「好樹」，又怎麼能夠稱為好人和好樹呢？

《馬太福音》還記載了這樣一段，「（耶穌）早晨回城的時候，他餓了。看見路旁有一棵無花果樹，就走到跟前，在樹上找不著甚麼，不過有葉子。就對樹說，從今以後，你永不結果子，那無花果就立刻枯乾了。」這段話的寓意就是說，凡不結果子的好樹，凡不做善事的好人，上帝同樣不待見你們。

其實不光基督教和無花果有很深的淵源，佛教也和無花果有緣呢，因為釋迦牟尼就是在一棵無花果樹下開悟成佛的。不過這棵無花果樹呢，不是無花果這個種，而是無花果屬中的菩提樹。無花果樹的英文是Common Fig（普通的無花果），而菩提樹的英文是Sacred Fig（神聖的無花果），由英文可見他們的親緣。

「菩提」一詞來自梵文，本義是「覺悟」，釋迦牟尼是在這種樹下「覺悟」的，這種樹當然就叫「菩提」啦。大家所喜愛所信賴的「菩薩」，梵文全稱是「菩提薩埵」，「菩提」是覺悟，「薩埵」是有情，所以「菩薩」就是大徹大悟的有情眾生，這境界高得，實在令我等凡人只有仰望和佩服的份兒。

簡單介紹一下菩提樹吧。菩提樹是一種熱帶的大喬木，高度可達30米。菩提樹的葉子可別致了，心形，不過心的尖角會垂下一條細線，感覺慈眉善目的。到了夏天，菩提樹也要結無花果，不過那不是「普通的無花果」，那是「神聖的無花果」。

談到無花果屬，裡面的榕樹也是不能不提的，因為榕樹非常非常的「特立獨行」，它只要一棵樹，就能蔓延成一片樹林，就是令人訝異的「一樹成林」，它是怎麼做到的呢？

其實很簡單，榕樹的枝條是下垂的，它會慢慢生長到土裡，然後枝條會生根、會茁壯、會長成主幹、會萌生出新的枝條，新的

枝條呢，也會依樣畫葫蘆，長成新的主幹，萌生更新的枝條。就這樣，一棵榕樹，慢慢成長為一片樹林。

楊非柳

　　楊非柳，誰不知道呢？但在文學裡，楊柳卻總是如膠似漆糾纏不休，比如《詩經‧采薇》有云：「昔我往矣，楊柳依依，今我來思，雨雪霏霏」，楊和柳，到底有著怎樣千絲萬縷的糾纏呢？

　　楊和柳，均屬楊柳科，不過楊是楊屬的，柳是柳屬的。楊屬有三十多種，如白楊、胡楊等，它們統稱為楊樹。柳屬有四百多種，如垂柳、白柳等，它們統稱為柳樹。那麼同在楊柳科中的楊樹和柳樹，應該如何甄別呢？

　　它們最明顯的區別在枝條。楊枝是上揚的，大家想一想白楊。柳枝是下流的，大家想一想垂柳。大家看，上揚者為楊，下流者為柳，中文真是恰切。

　　楊和柳都是落葉樹，到了秋天，葉子會落光。柳樹若失掉了葉子，那姿態依舊是柔美的，宛如一位洗淨鉛華的清秀佳人。楊樹則不然，楊樹若失掉了葉子，它那張牙舞爪的枝椏，有如天魔狂舞，顯得這個世界格外的陰森和蒼涼。所以楊樹乃是憂鬱王子，《古詩十九首》吟到，「白楊多悲風，蕭蕭愁殺人」，說的就是這個韻味兒。

　　《詩經‧東門之楊》有云：「東門之楊，其葉牂牂（zāng，茂盛），昏（黃昏）以為期，明星煌煌（閃亮）。東門之楊，其葉肺肺（茂盛），昏以為期，明星晢晢（zhé，光明）。」戀人未見，我心憂傷，這一棵東門之楊倒是蠻應景的，憂鬱的楊，憂傷的我。不過依僕看哪，這對戀人是約錯了地方，約在「東門之楊」幹什麼呢？楊樹太過剛強，那個氛圍適合搞個什麼「劍神決戰」挺好

的，若要約會呢，還是「月上柳梢頭，人約黃昏後」，這樣一種柔美甜蜜的氣氛，情人才好執子之手互吐衷腸嘛。

我覺得，垂柳之美，一言以蔽之，可曰「詩情畫意」。我以為，在這個大千世界，若論「詩情畫意」四個字，委實難以找到可與垂柳媲美的了，除了美女之外。「青青河畔，綠柳依依，詩情畫意，妙不可言，伊人不來，誰與爭鋒？」當然，伊人若是俏立垂柳之下，畫面可就絕美了，有機會一定得拍一張。

或許是我謬讚了垂柳吧，可有的才子描繪出來的垂柳實在惹人愛憐，譬如賀知章《詠柳》云道，「碧玉妝成一樹高，萬條垂下綠絲條。不知細葉誰裁出，二月春風似剪刀。」這個想像真有趣，原來柳葉是春風裁出來的。再如費玉清有一首歌，《天上人間》裡面唱到，「陣陣薰風，輕輕吹過，稻如波濤柳如線，搖東倒西，嚇得麻雀兒也不敢往下飛」，這一句歌詞畫面優美又諧趣，面對如此的

美麗可愛，你動心了嗎？

好了，回過頭來繼續談楊和柳的區別吧。楊柳的區別之二，可以看其葉形。楊樹是闊葉，從三角形到圓形的都有，像一隻熊掌。柳葉則是窄葉，很娟秀的披針形。有一種眉毛叫做「柳葉眉」，就是柳葉那種形狀，修長俊秀，氣度不凡，乃是不折不扣的「美眉」。《兒女英雄傳》裡面，主角女俠十三妹就是這種柳葉眉，書中講她，「出落得面如秋月，體似春風，配著她那柳葉眉兒、杏子眼兒、玉柱般鼻子兒、櫻桃般口兒，再加上鬢角邊那兩點朱砂痣，合腮頰上那兩點酒窩兒，益發顯得紅白鮮明，香甜美滿。」大家看，這美女配上柳葉眉，是不是立馬顯得英氣逼人了？

那麼歸納一下吧，楊和柳最醒目的區別就是枝和葉：楊枝往上揚，柳枝往下流，楊葉闊如掌，柳葉窄如眉。

可是，楊柳同屬一科，它們也該有許多相同點吧？的確如此，它們的相同點主要有如下三點：第一，它們都是落葉樹。第二，它們都是「雌雄異體」的，就是有雄有雌的，其中雄樹開雄花，雌樹開雌花。第三，它們的花序（小花組成的序列）都是「柔荑花序」。柔荑就是嫩草，叫這個名兒是因為柔荑花序都是柔嫩下垂的。柔荑花序的英文叫Catkin，就是貓尾形的花序，楊柳花和貓尾巴，大家對比著想一想，是不是挺像的？

楊柳花都開在早春，常見為紫紅色和綠色。楊花和柳花外形相若，都是貓尾形，但是，楊花是風媒花，柳花是蟲媒花。為什麼會這樣呢？因為柳花有蜜腺，會招蜂引蝶，引誘蟲子來傳粉，楊花沒有蜜腺，不招蟲子的喜歡，那就只能靠風力傳粉了。

暮春和初夏，楊柳花會呈現出一種特美麗的景觀，它們會飄絮。楊柳絮其實是楊柳花交配後萌發的種子，只是這種子外長了一層白絨毛，風兒一吹，楊柳絮就被吹下來了，離開了母親，翩翩起

舞，那輕盈的舞姿，在輕風中顯得格外曼妙。但若是狂風捲絮呢，那感覺又不同了，天地會顯得格外蒼涼，杜甫曰「顛狂柳絮隨風舞」，文天祥曰「山河破碎風飄絮」，就是這個味道。還有大家要注意了，只有雌楊柳才會飄絮，雄楊柳不飄絮的，因為楊柳絮是種子，種子孕育在母體內。

關於柳絮有一個很有趣的典故。東晉有一位名宰相謝安，他有一個姪女、名才女謝道韞，人稱「詠絮之才」，何以叫詠絮之才呢？有這樣一個故事：在一個大雪紛飛的日子，謝安和侄兒姪女們聚會，古人是很風雅的啊，尤其是他們這種士族詩禮之家，謝安看到外邊的漫天飛雪呀，忽地便有了靈感，他欣欣然問大家「白雪紛紛何所似？」侄兒謝朗對道「撒鹽空中差可擬」，謝道韞卻說「未若柳絮因風起」，謝安非常開心，他覺得道韞答得很妙。正因這個故事啊，謝道韞暴得大名，成了名垂青史的才女典範，與班昭、蔡文姬、李清照等才女並列，《三字經》便有云：「蔡文姬，能辨琴。謝道韞，能詠吟」，可見其才女中的地位。

不過平心而論，謝道韞的才女之名，似乎得來太容易了，她比較有名的也就是這一句「未若柳絮因風起」，其他詩大多亡佚，流傳後世的極少（按說這些詩應該也是極好的，只是我們後世無緣欣賞）。相比之下，班昭續完了哥哥班固未竟的《漢書》，蔡文姬有經典長詩《胡笳十八拍》，李清照更是有《漱玉詞》，她們三位才女之名看來更有分量。

但是話說回來，謝道韞還是蠻厲害的，她不但有文才，而且有好武藝、好氣度，乃是一位不折不扣的女中豪傑。此話怎麼講呢？我們來看一段她在兵亂中的故事。

謝道韞嫁給了王羲之的次子王凝之，王凝之後來做到會稽內史（郡長），好死不死，他鎮守會稽的時候碰到孫恩叛亂。孫恩是一

個張角似的人物，張角是東漢末年製造「黃巾之亂」的太平道的教主，孫恩則是東晉之時五斗米道的教主，他們兩位啊，都想借助宗教的力量奪取天下，但是張角碰到了曹操、劉備、皇甫嵩等一干璀璨的將星，孫恩則碰到了結束東晉的宋武帝劉裕，兩位教主就都失敗了。

可是孫恩也曾風生水起過，在他風生水起的日子，他率兵攻陷了會稽，格殺了會稽長官王凝之和他所有的兒女（其中應該也有道韞的兒女吧），這個危如累卵的時候，謝道韞出馬了，《晉書・列女傳》記載：「（道韞）及遭孫恩之難，舉措自若，既聞夫及諸子已為賊所害，方命婢肩輿抽刃出門，亂兵稍至，手殺數人，乃被虜。其外孫劉濤時年數歲，賊又欲害之，道韞曰：『事在王門，何關他族！必其如此，寧先見殺。』恩雖毒虐，為之改容，乃不害濤。」由此可見，謝道韞的驚人武藝和非凡氣度，其氣度實在令人心折，不但令你我常人心折，而且令孫恩也心折了，孫恩有感於她的節義，就放過了她和她的族人。

此後，謝道韞終身獨居於會稽，終身未曾改嫁，一代才女，終在寂寞中落幕。好了，這就是謝道韞的故事，接下來，還是回到楊和柳吧。

在中文文學裡，楊柳的花和絮往往是可以混用的，因為花兒受了粉才會生出絮，花兒可以說是青春時代的絮，絮可以說是美人遲暮的花兒、漫天飛舞的花兒。比如《紅樓夢》第七十回「林黛玉重建桃花社，史湘雲偶填柳絮詞」，其中講到「時值暮春之際，史湘雲無聊，因見柳花飄舞，便偶成一小令，調寄《如夢令》」，這裡的「柳花飄舞」，其實就是柳絮飄舞。

湘雲這首《如夢令》啊，端的是神妙有趣，以致她寫完了沾沾自喜、到處找人顯佩：「豈是繡絨殘吐？捲起半簾香霧。纖手自拈

楊非柳

157

來，空使鵑啼燕妒。且住，且住！莫放春光別去！」後來，史湘雲又一力攛掇起新任的桃花社主林黛玉起社填柳絮詞，於是，探春和寶玉（他們合寫的）、林黛玉、薛寶琴、薛寶釵又一起填了四首美輪美奐的柳絮詞，這些詞我就不一一引述、多掠曹公之美了，大家有興趣自己讀去，不過我要說的是，這裡一共五首柳絮詞，文采固然是極好的，更難得的是，各首詞還反映出了各人的性格，還張本了各人的未來。

其性格呢，比如湘雲之活潑靈動，探春之鋒銳不羈，寶玉之溫潤如玉，黛玉之多愁善感，寶琴之溫婉可人，寶釵之樂觀積極。其張本呢，比如湘雲之幸福苦短，探春之遠嫁西域，寶玉之出家，黛玉之病故，寶琴之嫁與梅家，寶釵之金玉良緣。匠心獨運到如斯的地步，實在令人由衷的佩服。高山仰止，神不可及。

以上講的都是柳絮詞，下面我們再來看看楊絮詩。中國北魏時有一位胡太后，她有一首冠絕南北朝的好詩《楊白花》，「陽春二三月，楊柳齊作花。春風一夜入閨闥，楊花飄蕩落南家。含情出戶腳無力，拾得楊花淚沾臆。秋去春還雙燕子，願銜楊花入窠裡。」這首詩裡的楊花當然就是楊絮，其中描繪出的自然之美呢，的確引人入勝，可是，胡太后寫這首詩，可不是單純的寫景哦，她其實是在抒發思戀情人的幽情。為了講清楚這個故事，我們從胡太后的身世談起吧，她老人家的一生，實在是波詭雲譎，她沒有武則天、慈禧太后那麼成功，可是她的戲劇性，卻絲毫不亞於那兩位女元首。

胡太后出身於名門望族，乃父是司徒胡國珍，她是家中的長女。胡太后的平步青雲，最初是源於她的姑姑，她姑姑是一個尼姑，非常非常的辯才無礙，在北魏宣武帝即位之初，尼姑姑姑常常到皇宮去講道，六道輪迴、苦集滅道什麼的，講道的空閒啊，尼姑姑姑就時不時談到她姪女兒胡女士多麼多麼的有德有容，慢慢兒這

話兒傳到宣武帝耳中，皇上動了春心，於是就將胡女士召入宮中，開始只是做了一個低級的嬪妃「世婦」，胡女士想要出類拔萃看來並不容易。可是好死不死，她險中求勝，逮到了一個好時機。

當時的北魏帝國有一個恐怖的制度，叫做「殺母立子」，就是說，兒子立了太子，生母就要被賜死，這個是因為北魏帝國想要避免可能出現的皇太后攬權，也就是所謂的「女禍」。因為這個恐怖制度，北魏的嬪妃們都只願生女兒，不願生兒子，就算生了兒子也希望他不要被立為太子。宣武帝也曾生過兩個兒子，只是都莫名其妙死掉了，所以他膝下空虛，帝國王儲空虛。胡女士看到這個大好的機會，於是決定鋌而走險，她決定無論如何要為帝國、為皇上、為自己生一個太子，她面對眾妃子「不願生男願生女」的正常心理曾「大義凜然」地駁斥到，「夫人等言，何緣畏一身之死而令皇家不育塚嫡（嫡長子）也？」

大概這番話感動了上蒼和皇上吧，因為上蒼被感動了，上蒼果然賜給了胡女士一個兒子（當然也是皇上賜的），這個兒子就是未來的孝明帝元詡。由於皇上被感動了，後來元詡被立為太子，皇上並沒有殺胡女士，相反還廢掉了「殺母立子」的祖制，胡女士也從此飛黃騰達了，她先是晉升為充華嬪，五年之後宣武帝蒙主西召，他唯一倖存的兒子元詡登基為孝明帝，元詡做了皇帝，於是尊其嫡母——此前宣武帝的皇后高英為皇太后，尊其生母胡女士為皇太妃，此後又加升為皇太后，由於此時孝明帝才五歲，胡太后就臨朝稱制。

大家看，胡太后是不是很像慈禧太后？慈禧太后此前也不是皇后，她只是因為生了同治帝後來才被尊為「聖母皇太后」。可是，胡太后比慈禧太后還要狠，慈禧太后雖然擅權，但她還要和東太后一起搞「兩宮攝政」，東太后西太后，兩宮太后親密合作一起垂簾

聽政二十年，而且西太后還要尊榮東太后，人家是正牌皇太后嘛，直到東太后蒙主召去，西太后才成為定於一尊的老佛爺。

可是胡太后不是這樣的，胡太后一朝權在手，高太后一夕就倒楣。其實高太后也不是省油的燈，她也不是宣武帝的元配，宣武帝的元配是于皇后。

于皇后十四歲時就被立為皇后，五年之後生皇長子元昌，可是後來宣武帝移情高英，于皇后就失寵了，在元昌一歲多時，于皇后暴死宮中，據說是被高英毒死的。宣武帝並無哀痛的表示，他又接著立高英為后。一年多後，元昌三歲，也被高英毒死了。高英也曾為宣武帝生過一個兒子，可是有人講說，她畏於殺母立子的祖制，親手害死了自己的兒子。後來，胡女士生下了元詡，高英又要加害胡女士，可是沒能成功。後來元詡五歲稱帝，胡太后便借機糾集了一幫大臣反撲高太后，三月之內便制服了高太后，逼得她出家為尼，三年之後更是借機月食害死了高太后，因為月食被傳為「國母將崩」，胡太后要拿高太后擋災。

唉，于皇后、高皇后、胡皇后（她死後被尊為宣武靈皇后），三位皇后居然合演了一幕「螳螂捕蟬，黃雀在後」的人間慘劇，不受制約的權力實在是扭曲人性的毒藥，令常人也變得蛇蠍心腸。那麼，這下子胡太后大權獨攬了，她可以為所欲為了。

胡太后執政之初，那可真是英明女主，偌大的北魏帝國被她帶得蒸蒸日上、歌舞昇平，簡直就如東西太后起初開創的「同光中興」一般，可惜好景不長，或許是開局太順利了，胡太后開始沾沾自喜，開始奢靡縱欲，開始豢養面首，開始親小人遠賢臣。這下子北魏便踏上了他不歸的第一步，局勢很快敗壞了，廟堂之高開始為恃寵而驕玩弄權術的情夫們越描越黑，江湖之遠開始變得民不聊生戰火頻仍。江山如畫，一時多少妖孽。

但是胡太后的情人中還是有個別謙謙君子的，他叫楊白花，北朝名將楊大眼之子，其人英俊瑰偉氣宇軒昂，他是胡太后的初戀（如果皇上不算的話）和最愛。雖然胡太后迷戀楊白花、逼他做了情人，可楊白花是個明白人，他並不因此而狐假虎威，相反每一天都如履薄冰，因為他知道，和太后有一腿並不是什麼好事，秦朝的嫪毐最後落到五馬分屍的下場，不就是個前車之鑒嗎？

終於有一天，楊白花瞅準一個機會，逃之夭夭投奔南朝去了。得不到的東西總是最好的，本來就非常喜歡他，這下子楊君更是深深鑴刻在了胡太后心裡。胡太后本是文武全才，這一次受到楊君離別的刺激，滿心的情傷無處宣洩，她畢竟是皇太后啊，表面上還是要維持她的「母儀天下」的。

還好有詩歌，詩歌有一個最大的好處，就是能夠委婉地道出你的心事兒，一切景語皆情語，有些話兒你寫出來人家只道是風花雪月，其實內裡還藏了一層秘情呢。感情適當抒發出來，人畢竟會舒爽一點兒，胡太后就是這樣做的，於是，就有了《楊白花》──「陽春二三月，楊柳齊作花。春風一夜入閨闈，楊花飄蕩落南家。含情出戶腳無力，拾得楊花淚沾臆。秋去春還雙燕子，願銜楊花入窠裡。」所以這首詩啊，明裡是在寫飄舞的楊花，暗地裡卻是在思戀「楊白花」，不但思戀他，她還要「願銜楊花入窠裡」呢，可惜這只能是她一個美麗的幻想了，楊郎好不容易逃出她的魔爪，肯定是一去不復返了的。

那麼，還是簡單講一下胡太后的結局吧。她老人家過於戀棧最高權力，兒子大了她也不願放權，結果在情人們的慫恿之下，她殺了許多皇上親信的大臣，甚至對於獨生兒子孝明帝，她也悍然下手毒死了他，另立了孝明帝的獨生女兒、她的獨生孫女兒為帝，這個女孩兒當時才一個多月，當其出生之時，胡太后便矯詔聲稱生了一

楊非柳

161

個皇子並大赦天下，可能那時她就早已謀畫好政變了吧。後來孝明帝身死，小女孩兒接班，可是胡太后也覺得紙裡包不住火，只好再行宣布，「所謂皇子，本是皇女，另立族侄，三歲元釗」。小女孩兒就這樣糊裡糊塗做了一天皇上，史稱「一日女帝」。

可是，胡太后這樣一番胡搞，大臣和將軍們不幹了。大軍頭爾朱榮率先「起義」，他一面聲稱要徹查孝明帝的死因，一面也不承認胡太后的政府，於是另行擁立了長樂王元攸為新皇帝。爾朱鐵騎，殺向太后，半個月就攻陷了洛陽，生擒了胡太后和幼主元釗，兩位貴人，竟被爾朱榮裝入竹籠，投進黃河溺死。

一代妖后帶著可憐無辜的幼童，就這樣淒淒慘慘地謝幕了。好了，這就是胡太后的故事，雖然她玩火自焚了，但是她留下的詩文卻令她文史流芳，而她對於楊君的單戀，雖歷一千五百多年而猶為後世所知曉，太后九泉之下，應該也可以瞑目了吧。

回過頭來略談一下《楊白花》，「楊柳齊作花……楊花飄蕩落南家」，這裡的楊花，顯然是既有楊花，又有柳花，其實也就是楊絮和柳絮，楊柳之絮飛舞起來，誰又能分得清誰是誰呢？當然在太后的鳳眼裡，只看得到楊花。由此看來，在文學的世界裡，楊柳的花絮是可以混用的，藝術需要想像力嘛。

在中文裡，其實不光楊柳的花絮，就連楊柳的本尊也可以混用呢，看看「楊柳」這個詞，有時單指垂柳，有時又是指楊和柳，到底指什麼那就只能看上下文了。

兼指楊和柳的，比如胡太后的「陽春二三月，楊柳齊作花」，《詩經・采薇》中的「昔我往矣，楊柳依依」。

單指垂柳的呢，比如「魯智深倒拔垂楊柳」，垂楊柳，自然只能是垂柳，楊枝可是上揚的。再如柳永《雨霖鈴》中的千古名句「今宵酒醒何處？楊柳岸曉風殘月」，歐陽修《蝶戀花》中的「庭

院深深深幾許？楊柳堆煙，簾幕無重數」，此兩處的「楊柳」應該都是垂柳，為何呢？因為這是婉約詞啊，要表達委婉纏綿的柔情，陰性的柳要比陽性的楊搭調吧。

再如方文山《娘子》云：「娘子依舊每日折一枝楊柳，在小村外的溪邊河口，默默地在等著我」，娘子每日折的楊柳，當然應該是款款垂下的柳條，若是高高揚起的楊枝，哪個折得到哦？另外，中國的古典文化中，由於柳和「留」諧音，所以柳枝代表一種留戀的柔情，這麼看來，娘子折的楊柳，更應該是柳枝了。

柳枝也是離別枝，正如芍藥也是離別花，兩種植物，均可優雅而委婉地表達依依惜別的柔情。

月桂與桂花

　　月桂，樟科月桂屬。桂花，木樨科木樨屬。由此看來，她們顯然不是同種。月桂原產於地中海沿岸及小亞細亞的灌木岩石區，可謂是「西洋桂」，桂花則原產於中國的西南，可謂是「中華桂」，所以啊，東桂花西月桂，還蠻對稱、蠻有意思的。

　　中國人當然更熟悉桂花，我們就先來聊聊她。桂花也叫「木犀」、「木樨」、「月桂」，注意了，這個「月桂」不是指的西洋月桂，而是指的「月亮上的桂花」，月亮上怎麼可能有桂花呢？這當然是神話了，月亮上還有嫦娥和月兔呢。

　　「月桂」的神話講的乃是「吳剛伐桂」。這個吳剛啊，他是一個凡人，一個渴望修道成仙的凡人，可是不知怎麼搞的，可能他走火入魔、誤入歧途吧，他激起了天帝的烈怒，天帝給了他一個最嚴厲的懲罰──伐月亮上的桂，這棵桂樹可不是一般的桂樹，它是一棵永遠伐不倒的桂樹，吳剛剛砍一斧桂樹就長一塊兒，吳剛剛削掉一塊桂皮桂樹就長一塊皮，結果啊，吳剛伐啊伐啊，一直伐到今

天，那棵桂樹一點兒都沒傷著，吳剛吐血都不知吐了幾千幾百回了吧。古希臘有一則「西西弗斯」的神話和這個挺像的。西西弗斯本是哥林多的第一任國王，他是一個非常非常狡獪的人，他甚至成功欺騙了死神、戰神、天神、各種大神，可是欺騙大神畢竟不太聰明的，眾神惱羞成怒之下就罰他推巨石到山頂。那一塊巨石啊，每當快到山頂，就自個兒滾下山了，搞得西西弗斯總是功敗垂成，就這樣年復一年日復一日，西西弗斯就得過著這種無聊、苦力、望不到盡頭的日子，大家看，和吳剛是不是很像？他們真是一對難兄難弟。好了，神話就聊到這兒，還是回到桂花吧。

桂花為什麼又叫「木犀」、「木樨」呢？這是因為桂樹的紋理非常漂亮、清晰、犀利。有趣的是，蛋花兒也叫「木犀」，為什麼呢？因為蛋花兒像桂花。菜譜中有「木犀湯」，其實就是蛋花湯，還有「木犀肉」，其實就是蛋花炒瘦肉。

桂樹最討喜的在哪兒啊？當然是桂花了。每當立秋的時候，桂花那濃郁的香味彌散開來，實在是叫人沉醉流連。桂花不但芬芳可人，她還常用於各種點心：桂花糕、桂花糖、桂花湯圓，還有桂花酒、桂花鴨什麼的，全都具有那種清幽雅致的桂花香。你說，她能叫人不愛嗎？

桂花樹分為四種：金桂、銀桂、丹桂、四季桂。四季桂，顧名思義，四季開花的桂，她也叫做「月月桂」（有點兒像月季了）。其她三種桂就不一樣了，她們都是「秋天桂」。不過，金桂開的是金桂花，銀桂開的是銀桂花，丹桂開的是紅桂花，花色不一樣的。若論香氣呢，金桂和丹桂更優，其香味兒非常濃郁，銀桂和四季桂就比較淡了。

桂花謝了可結桂果，不過不是所有的桂樹都會結果，得看品種的，有的桂樹年年結果，有的桂樹偶爾結果，有的桂樹一生不結

果。桂果多結在四月，可以入藥的，具有暖胃、平肝的妙用。

　　大家都吃過桂圓吧，桂圓是不是桂果呢？不是的。桂圓又叫龍眼，無患子科龍眼屬，跟桂花樹隔得遠著呢。龍眼曾是獻給真龍天子的貢品，其核又像是黑眼珠，所以得名「龍眼」。可是這後來反而成為一種忌諱，「真龍的眼睛」怎麼可以吃呢？所以後來人們就多稱「桂圓」了。「桂圓」者，因其成熟於桂花飄香之秋，亦因廣西（桂）盛產桂圓，而桂圓又是圓圓的。

　　廣西省會桂林，人們公認的「桂林山水甲天下」，其實桂林不但山水絕美，桂樹當然也是蔚然成林，要不怎麼叫「桂林」呢？每到秋天桂林的金桂就會香飄四溢，整座城市在美景的映襯之下、在香氣的薰陶之下、在桂林女子秀美容顏的傅彩之下，實在有如人間的仙境，大家不可以不領略一番的。

　　其實桂林歷史悠久，這地名還是秦始皇時給起的。秦始皇統一七國之後啊，看到了一句不祥的讖語——「亡秦者胡也」，他老人家給解讀成「秦國的威脅是胡人」，於是為了防患於未然，秦始皇就先下手為強，他徵調部隊北擊匈奴、南伐百越（廣東廣西），結果都大獲全勝，他老人家高枕無憂了。

　　攻破百越之後，秦始皇在這裡設了三個郡（省政府）：南海郡、桂林郡、象郡，這就是「桂林」地名的起源，不過當時命名的人一定是看到了當地的桂樹成林才這樣起的。回過頭來再交代完秦始皇，秦始皇雖然一代雄主、英明神武，可他究竟不是全知全能的上帝，他老人家駕崩之後，末子嬴胡亥繼位，三年後亡掉了秦始皇夢想千秋萬代的秦朝。塵埃落定，原來「胡」不是胡人，而是胡亥。

　　好了，談回桂花吧。中國人歷來非常喜歡桂花，自然也就留下了許許多多美麗動人的桂花詩篇。比如王維的《鳥鳴澗》：「人閒

桂花落，夜靜春山空。月出驚山鳥，時鳴春澗中。」詩中的桂花春天也能開放，應該是四季桂吧。詩中的人閒、桂花、夜靜、春山、月出、鳥鳴、春澗，好恬淡、優雅、空靈啊，如能到裡面度一度假、遠離紅塵的喧囂和躁鬱、靈修一下蔓草叢生的亂心，那可就太美了，如果你的錢夠多的話，真的應該適當淺嘗一下這樣的生活。

李清照的《鷓鴣天・桂花》也蠻好的，「暗淡輕黃體性柔，情疏跡遠只留香。何須淺碧深紅色，自是花中第一流。梅定妒，菊應羞，畫欄開放冠中秋。騷人可煞無情思，何事當年不見收。」這個「花中第一流、梅定妒、菊應羞」足以看出李清照對桂花是有著特別的偏愛的，她甚至還要嗔怪屈原大師，《離騷》中蒐羅了許許多多的名花香草，可是為何偏偏不提桂花呢？清照很不滿呢！

有一句桂花詞大大的有名，卻也大大的惹禍，這就是柳永的《望海潮》中的一句：「重湖疊巘清嘉，有三秋桂子，十里荷花」，相傳金國第四任皇帝完顏亮讀到這一句的時候，心中的萬丈豪情立馬被勾了起來，他發誓要削平南宋、統一天下。於是，完顏亮興兵六十萬，南伐大宋。

不過還好，完顏亮的內政外戰都沒處理好，大宋子民得以逃過一劫。完顏亮的伐宋非常不得人心，他剛剛南伐不久，後院就起火了，東京（遼寧遼陽）留守完顏雍親王被金國人擁立為新皇帝，完顏亮知道了這個消息之後倒也很淡定，他仍舊決定先打垮大宋，再回頭收拾北方的叛賊，他對自己倒是十分自信的。可是，南宋這時候可不是好欺負的。

完顏亮在長江邊上被虞允文所領導的少量宋軍生生給堵住了，硬是過不了江，完顏亮終於急了，他傳下軍令，要求全軍必須在三日之內全部渡江，否則殺無赦。這道嚴酷的軍令激起了部將的嘩變，因為金兵跟宋兵打水仗已經被打沒了信心，於是完顏亮最後的

王牌——軍隊也輸掉了，軍頭們絞死了完顏亮，歸順了新皇帝完顏雍，金兵也收回去了。這一場草草收場的宋金戰爭發生在宋高宗退休的前一年，宋高宗虛驚一場，他老人家這一生還真是不容易。

若是《望海潮》刺激到完顏亮的野心屬實的話，柳永的婉約詞還真是不婉約呢，搞得宋金兵戎相見、金國皇帝兄弟鬩牆、宋朝邊境人民受了一場戰亂，文藝也惹禍嗎？

但是憑良心講，這事兒當然不能賴柳永，人家「三秋桂子，十里荷花」，也是在如實描繪杭州的美景，只怪完顏亮野心太大，柳永的詞寫到他心坎兒上去了，撥動了心中那一條早已不願安寧的琴弦。

好了，桂花就聊到這兒，下面來談月桂。月桂無論樹形、葉子、花、果實都和桂花相似，或許正是這個原因，中國人才將她命名為月桂。月桂和桂花當然有區別，第一是花期，月桂在春天開花，桂花多在秋天開花。第二是花香，月桂花香不如桂花香那般濃郁。第三是花形，她們的花兒都聚生在葉腋，多是金黃色，遠看的確很相似，可近看就會發現，月桂花是傘形的花序，而桂花是獨立的有四個花瓣的小花。第四是葉香，月桂的花香雖然不如桂花，但那葉香卻十分迷人，以致月桂葉成了西方極為重要的調味料。

月桂樹是怎麼來的呢？這裡有一個動人的神話故事——阿波羅與達芙妮，故事是這樣的：

太陽之神阿波羅，河神之女達芙妮，兩人平素昧平生，有朝一日孽緣生。阿波大神俊勇武，神威凜凜射金箭。阿丘比特小愛神，也有金箭和鉛箭，金箭教你生愛情，鉛箭教你鐵石心。阿波大神見愛神，小巧玲瓏金鉛箭，忍俊不禁調侃道，你的玩具真可愛。

阿丘比特生氣了，他要伺機報復他。終於逮到機會了，阿波邂逅達芙妮，阿丘比特射金箭，一箭射中阿波羅，小愛之神發鉛箭，

一箭命中達芙妮。天旋地轉情愫生，阿波墮入情網中，少女心扉鎖春情，厭煩大神愛獨身。

阿波大神用強的，誓將美人追到手，花言巧語蜜表白，達芙仙女逃夭夭。小鹿亂撞入深林，太陽緊追她不放。驚心動魄到河邊，眼見美人要到手，末路仙子無奈何，求救父親老河神，女兒情願變樹木。河神老弱莫奈何，不忍女兒受磨折，黯然變伊成月桂。

可憐仙女達芙妮，四肢麻痺身沉沉，樹皮蓋住柔滑膚，頭髮化為月桂葉，胳臂變為月桂枝，輕靈優美的雙腿，倏地紮入泥土中，動彈不得生了根，伊臉隱藏在樹冠，面目全非不可識，唯有閃亮美麗存。

親見愛人變月桂，阿波大神心哀痛，伊人已去不可挽，誓將永伴月桂樹，采下桂枝編桂冠，頭戴桂冠寄深情，靈肉合一心永恆。

好了，這就是阿波羅和達芙妮的故事。阿波羅還蠻一往情深的，或者說，小愛神的金箭和鉛箭——愛與恨之箭——的威力實在不是武器之箭可以比擬的，哪怕是阿波羅的金箭。這個故事或許是在說，人心的愛恨情仇，裡面蘊含的力量雖然很隱蔽，但是很巨大。

阿波羅是希臘神話裡面最俊美、最勇武的神，是一位貨真價實的男神，可是這樣的男神，竟然也會被達芙妮所拒（雖然達芙妮是中了小愛神的暗算），這個故事告訴我們，「蘿蔔白菜、各有所愛」，你被拒了不一定是因為她覺得你不夠好（當然也可能是覺得你不夠好），更有可能是她覺得你這一款不合適，不對她的口味兒，可能她要蘿蔔，你是白菜。所以你要被拒了也不要覺得丟人，可以用阿波羅來阿Q一下。

由於阿波羅常常頭戴桂冠的形象，而古代的希臘人、羅馬人又特別崇拜阿波羅，彼時的希臘羅馬，人們會將桂冠授予賽會的冠軍和優秀的藝術家，甚至羅馬帝國的皇帝皇冠也是採用的金桂冠，許

多講羅馬帝國的電影裡面，大家留心觀察，那個戴金桂冠的人就是皇帝。

英國也與桂冠有著不解之緣。1670年，英國國王在宮中設立了「桂冠詩人」一職位，以招徠和顯榮優秀的詩人。不過，起初的「桂冠詩人」只是「御用詩人」，他們專為國王寫一些好聽的讚美詩，地位幾如優伶。到了維多利亞女王的時代，這種情形才有改變，女王廢除了「桂冠詩人」為王室寫讚美詩的義務，改作純為獎賞王室眼中的「英國第一詩人」，這一制度一直沿用至今，目下第二十任的、二十一世紀首位的英國「桂冠詩人」是一位愛爾蘭女詩人卡羅爾・安・達菲（Carol Ann Duffy），她的詩擅長以平凡易懂的文字，傳達有關壓迫、暴力、性別等的看法。

談到英國的「桂冠詩人」啊，僕忍不住要談一談其中驚才絕豔的丁尼生（Alfred Tennyson），丁尼生一生妙手寫就許多膾炙人口的名篇名句，好比《輕騎兵突擊》（*The Charge of the Light Brigade*）中的這一句，「for man is man and master of his fate」，讀來頗覺音調優美而又發人深省，這就是丁尼生的文風。丁尼生的名篇《尤利西斯》（*Ulysses*）最後一節寫道，「Made weak by time and fate, but strong in will, To strive, to seek, to find, and not to yield」（被時間和命運所消磨，但是又被信念所堅定，去努力，去尋找，去找到，永遠不放棄），大家讀這句原文，有沒有一種靈魂深處受激蕩的感覺？丁尼生，一代文豪也，不可以不讀的，淺嘗一下也好。

接著聊「桂冠詩人」，「桂冠詩人」是英國人的創舉，但是現在呢，世界上也有許多國家由官方設立了「桂冠詩人」這一顯赫榮耀的頭銜，以獎勵本國最優秀的詩人，譬如美國、加拿大、新西蘭等國。

當然，「桂冠詩人」也不一定需要官方的認可，一個能夠真實細膩的描繪社會的美醜、打動大家的心扉、刷洗凡人的靈魂、激蕩凡人心中的美善的詩人，自然也是大家心中的「桂冠詩人」，杜甫之為「詩聖」，不正是如此嗎？相反一個官封的「桂冠詩人」，未必也就真配得桂冠。一個在權力面前奴顏婢膝、編織謊言的人，即使國王給他一千個「桂冠詩人」，民眾也不會鳥他吧，這些廉價的「桂冠」，只會將他釘上歷史的恥辱柱。

回到「桂冠」上來吧，現在我們知道西洋人奪冠叫做「摘得桂冠」，那麼中國人奪冠呢？古典的說法是「蟾宮折桂」，就是到月宮摘得了吳剛的桂樹枝，月宮代指皇宮，所以「蟾宮折桂」其實是指科舉中了進士，可是現在沒有科舉啦，所以這個詞現在指的是奪冠。細心辨認一下，「桂冠」之桂是月桂，「折桂」之桂是桂花，西月桂而東桂花，植物是會影響當地的人文的。

好了，桂花和月桂，大家現在應該會分了吧。可是「桂」這個大家族裡，可不止這兩種桂，還有一種肉桂。肉桂這名字挺可愛的，肉肉的桂，肉桂是樟科樟屬的，和月桂同科不同屬，月桂是月桂屬的。肉桂長得像桂花，樹形、蛋花兒一樣的花兒、披針形的葉子都像，或許這是它得到「桂」名的原因吧，但是肉桂和月桂都不如桂花那般芬芳，大家應該還記得月桂葉是上好的調味料，其實肉桂作為調味料我們中國人會更熟悉，肉桂的樹皮就是「桂皮」，就是常用來煲湯的、又可用作五香粉原料的「桂皮」，桂皮的香味濃郁，適量添加會令肉菜芬芳爽口，難怪這樹要叫「肉桂」呢。

維桑與梓

　　《詩經·小弁》有云：「維桑與梓，必恭敬止。靡瞻匪父，靡依匪母。不屬於毛？不罹於裡？天之生我，我辰安在？」這便是說，面對父母，我一定要恭恭敬敬的。我們最尊敬仰望的不是父親嗎？最親近依戀的不是母親嗎？我們不是源於父母嗎？不由母體分離嗎？可是現在，我為什麼會淪落到如斯的地步呢？

　　這首詩的背後，其實有一個心酸的故事，故事的主角是周平王姬宜臼。姬宜臼的父親是周朝的一代名王周幽王，可是這位老王之所以有名並不是因為他的英明，恰是因為他的昏庸。

　　開始，周幽王的王后是申后，太子則是申后之子姬宜臼。後來，周幽王迷上了歷史上傾國傾城系列之一的大美女褒姒，幽王就斷然廢掉了申后和宜臼太子，改立褒姒為王后，改立褒姒之子姬伯服為太子。

　　幽王不但廢掉了宜臼太子之位，更是乾脆將他放逐到其外祖父申侯所管的申國。那麼這一首《小弁》呢，相傳就是廢太子宜臼在這樣一種倉皇窘迫的處境之下所作的，難怪格調這麼哀傷呢。

　　可是宜臼仍有希望，因為幽王太昏亂了。

　　幽王為褒姒的美貌深深著迷，褒姒大抵是一個冷美人，她的表情總是很嚴肅，幽王為了博美人一笑，竟不惜為她「烽火戲諸侯」，可惜美人一笑，天下卻生禍胎，軍國大事成了兒戲，諸侯們再也不願尊重幽王的敕令了。

　　幽王的愛情又令他深深著魔，他悍然命令申侯處死姬宜臼——他的兒子，申侯的外孫——應該也是為了討好褒姒，以解除宜臼對

伯服的威脅吧，可是申侯拒絕了幽王這種荒謬的聖旨，並呈上奏章嚴厲抗議，於是幽王震怒，悍然下令撤銷申國，並且集結大軍討伐申侯。

申侯當然不能對抗周天子了，為了自保，為了申后和姬宜臼，也為了一泄心頭之恨，申侯就和西邊的蠻族犬戎一齊結盟對抗周幽王，犬戎軍隊驍勇異常，竟然一舉攻到周朝的國都鎬京城下。兵臨城下之時，周幽王又點燃烽火臺上的狼煙，指望諸侯們速速前來救駕，可是，諸侯們已經被他戲弄過一次，這一次，以為又是遊戲呢，於是，援兵們一個都沒來，鎬京竟然陷落，幽王和太子被殺，褒姒被擄，芳影無蹤。

彼時的周朝亂成了一鍋粥，內憂外患群龍無首的危局之下，申侯不失時機聯合一些諸侯將廢太子姬宜臼擁上了王位，這便是周平王。平王王者歸來，由於鎬京城已被犬戎蹂躪得殘破不堪，又為避開犬戎的鋒芒，他只好將首都東遷至三百多公里外的洛邑（洛陽），歷時514年的東周就這樣開始了。

東周壽命是極長的，可是由於周幽王的亂來和犬戎的入侵，天子喪失了許多直屬領地，實力由是大減，威權因而衰弱，爾後春秋五霸、戰國七雄之局面，實在勢所必然，周天子一脈苦苦支到最後，終於為秦國所滅。

好了，歷史就講到這裡，下面談回《小弁》這首詩吧。「維桑與梓，必恭敬止」，桑梓到底是什麼意思呢？

桑梓就是桑樹和梓樹，這兩種樹，都是宜室宜家的良木──桑樹可以養蠶、梓樹可以遮蔭、器用──因而特受古人的待見，父母蓋了新房子之後呢，常常會院裡院外的種滿桑梓，這樣桑梓又成了父母和家鄉的代稱。

時光荏苒，萬物變化，古人朝夕相處的桑梓，代表父母的桑

梓，現代人只怕是有點兒陌生了，桑梓不會辨認，真真有點遺憾的，下面，僕就簡單介紹一下桑和梓吧。

先談桑樹。桑樹其實不只一個種，它是桑科桑屬的統稱，裡面有灌木也有喬木，有名的種有白桑、雞桑、黑桑等。桑樹雖然種類繁多，但是同屬的姐妹，外貌還是蠻相似的。桑樹的樹皮多是黃褐色，常有條狀的裂縫，枝條灰白或灰黃，細長而雅致。桑葉多為卵形或心形，成葉大約有一個成年人的手掌那麼大，葉形，其尖端常常是急尖的，就好比天線寶寶的頭顱一般，不過偶爾也有鈍圓的（天線收起來了），那個卵形或心形的葉子偶爾也會有不規則的分裂，好比手掌的手指分開了。葉緣挺漂亮的，綴著許多小鋸齒，葉子正面光潤無毛，背面被有細細的絨毛。

桑樹的花期是4～5月，果期是6～7月。桑樹有雌雄同株（既開雌花又開雄花）的，也有雌雄異株的。桑花兒黃綠色，分為雌花序和雄花序，雌花序成穗狀花序，形如挺拔的麥穗，雄花序成柔荑花序，形如毛毛蟲，而且總是軟軟的、下垂的。

桑果兒大家應該都挺熟悉的，那就是桑椹，也有叫桑棗、桑果的。桑椹多有兩三釐米長，幼桑椹有白色、綠色、嫩黃色的，多數品種會在成熟過程中逐漸變為粉紅、紅色，最終變成紫紅或紫黑色，當它完全成熟時，會有一種極其甜美的滋味兒。

有極少的品種，其成熟的桑椹仍是白色的，但是這種成熟的白桑椹，卻也會有一種較溫和的甜美滋味，較之黑紅桑椹，猶如白葡萄酒與紅葡萄酒之別，色澤不同，滋味有異，然各有千秋，白有白的醇美，紅有紅的甜香。

其實關於桑椹的顏色，還有一段極淒美的羅馬神話呢，神話名叫「皮拉莫斯和西斯比」（Pyramus and Thisbe），奧維德的《變形記》便有記載，故事是這樣的：

東方巴比倫大城，有男名叫皮拉莫斯，鄰家有女西斯比，公子佳人情愫生，奈何兩家昔日怨，有情不得人前語，恓恓惶惶可憐見。天從人願不見棄，冥冥夾牆有裂隙，裂隙空靈飄渺音，不見容顏話喁喁。盡日纏綿不饜足，終需一個空幽谷，相約王陵桑樹下，耳鬢廝磨成燕好。

少女懷春小鹿撞，度日如年候良辰，良辰未到小鹿馳，先到王陵待情郎。王陵之旁桑樹下，風和日麗見猛獅，猛獅狩獵風蕭蕭，大快朵頤頰染紅。姑娘見了心膽寒，逃之夭夭動脫兔，脫兔驚恐不擇路，倖免獅口面紗落。

俄而公子蒞王陵，佳人不在獅子走，面紗委地和血流。殷紅面紗鑴心底，公子識得姑娘有。皮拉莫斯魯莽兒，以為姑娘已罹難，泣不成聲萬念灰，憤然抽出隨身劍，一劍穿心尋伊人，飛血狂湧桑葉紅，雪白桑椹亦紫紅。

公子已去佳人返，驚魂甫定盼安慰，卻見公子已安息。猩紅血泊浸玉樹，傷心小劍穿心過，佳人漣漣雙淚垂。最是人間留不住，伊人銷魂奈若何？姑娘短暫哀思後，決心永遠追隨伊。扶風弱柳輕委地，款款撫動伊人弦，吐氣如蘭寄幽情，纏綿悱惻執小劍，夕吹芳魂輕飛煙。

眾神震動無顏色，深為姑娘長太息，鴛鴦命苦如何憶？絳紫桑椹以顯榮。

好了，這就是桑椹為之色變的一段神話故事，雖然淒涼，但覺唯美。事實上，後世還有許多文學家從這個故事裡面汲取了靈感，又創作出自己的不朽篇章，譬如聲名顯赫的莎士比亞，其《仲夏夜之夢》中就有織布工排演喜劇版的「皮拉莫斯和西斯比」的場景，而其《羅密歐與茱麗葉》這一段後世中更為有名的「禁錮之戀」，亦是脫胎自「皮拉莫斯和西斯比」。

談回桑椹吧，桑椹有許多有益的成分，比如蘆丁、花青素、白藜蘆醇等，具有良好的防癌、抗衰老、抗病毒等作用。桑椹可以生吃，亦可以用於甜點、餡餅、甜酒和茶中，這樣的美食中就會滲入桑椹的滋味，別有一番甘甜。

談到桑樹，不能不提蠶，因為桑和蠶啊，簡直就是天生一對，它們一起為人類社會不知已經做出了多大的貢獻。有一種說法，蠶是對人類給予最久最大的昆蟲之一，因為蠶絲可以做華服啊。

這裡不妨仔細談談蠶兒。蠶是鱗翅目的昆蟲，鱗翅目是昆蟲中的各種蛾子和蝴蝶，因為牠們成蟲的兩對翅膀上撲滿了鱗粉，大家想想蠶蛾不就是這樣子的嗎？

蠶兒的一生有卵、蠶、蛹、蛾四個階段，其中蠶的階段又分五齡，剛剛孵出的蟻蠶（就像一隻小螞蟻）為一齡蠶，也就是蠶兒的一歲，此後每蛻皮一次牠就會增加一齡（當牠的頭變黑，就說明要蛻皮），蛻了四次皮以後，蠶兒最終變成五齡蠶，這五齡啊，說是五歲，其實每一歲只有約一周。

五齡之後，蠶兒就會吐絲做繭了，做好了繭，牠就在裡面化蛹、變蛾，大約兩周之後，可愛的蠶蛾就破繭而出、開始交尾了。蠶蛾約有一周的壽命，所以蠶的一生從孵卵後開始算，大約有八周的歷程。

蠶的食性十分有趣，做蠶兒的時候牠會不眠不休拼命吃桑葉，因而牠長得非常快，從剛剛孵出的小蟻蠶到最大的五齡蠶，牠的身體足足會增大一萬倍！不過正是因為牠這麼貪食，攝取了這麼多營養，牠才會吐出那麼多優質的蠶絲啊！一顆大蠶繭的蠶絲，拉開了約有一千米那麼長呢！因為蠶兒這麼貪食，中文裡才有了一個成語叫「蠶食鯨吞」來形容那些貪得無厭的人類。可是，雖然蠶兒這麼貪嘴兒，蠶蛹和蠶蛾卻變成了小媳婦開始禁食了。蠶蛹困在蠶繭的

裡面，當然很無奈，可是蠶蛾破繭之後，竟然也不取食了，這是為什麼呢？

《本草綱目》有云：「蠶蛾性淫，出繭即媾，至於枯槁而已」，這句話描寫蠶蛾的行為倒是挺愜當的，牠們出繭之後啊，不思飲食只行男女，但這「蠶蛾性淫」呢，其實也不過是生物的本能，這就如人類的「飲食男女」、「食色性也」一樣，只是蠶兒是先飲食而後男女，而人則是亦飲食而亦男女。

蠶蛾合歡之後，雄蛾很快死去，雌蛾卻仍肩負重任，牠要產下約五百粒卵才能安息，真真不容易的。

桑樹是落葉樹，冬天葉子會落光，而蠶兒喜歡的溫度是20～30°C，所以養蠶呢，多挑在春季，其次是秋季，偶爾也有初夏的，至於冬天呢，那就實在不合適了，又冷又沒得吃的。

李商隱說「春蠶到死絲方盡」，王維說「雉雊麥苗秀，蠶眠桑葉稀」，《詩經・七月》謂「蠶月條桑，取彼斧斨，以伐遠揚（剪枝），猗彼女桑（採桑）」，這裡的蠶兒便都是春蠶。戴復古說「春蠶成絲複成絹，養得夏蠶重剝繭」，這裡便又看到夏蠶的身影了。

提到養蠶詩，張俞的《蠶婦》蠻有深意的：「昨日入城市，歸來淚滿巾。遍身羅綺者，不是養蠶人。」這首詩有什麼了不起的呢？它反映出一個嚴重的社會問題，身著華服的富人，竟然許多並不是勞作之人，卻只是一群社會的寄生蟲！這個問題是古今中外、歷朝歷代都存在著的一個痼疾，但在目下的民主化浪潮的衝擊之下，權利遏制了權力，社會的公平度應會有大幅的提升吧。當蠶婦不再作怨婦，這個社會應該算是挺和美的吧。

下面，簡單談一談養蠶的歷史。

養蠶繅絲是人類歷史上一項極偉大的發明，可是，那一位先知先覺的「蠶母」究竟是誰人呢？按照中國古老的傳說，這位「蠶

母」不是別人，赫然竟是黃帝之妻嫘祖！

其實這一段往事倒是蠻機緣巧合的，話說嫘祖娘娘有一天正坐在桑樹下飲茶，恰巧一個蠶繭掉到她的茶杯裡，滾燙的茶水溶開了繭，嫘祖娘娘用手去撥弄那繭子，散開的繭絲繞住了她的手指頭，娘娘覺得很舒服、很溫暖，這個用來做衣服多好啊，她想到。她又定睛一看，原來繭絲的裡面有一條小蟲，

一剎那間娘娘明白了，這條小蟲就是蠶絲之源！後來嫘祖娘娘又精研出養蠶之道，她將這絕藝教給了華夏的先民們，先民們當然又會慢慢地加以改進，這樣呢，養蠶織絹的技藝就在中華大地上日臻成熟起來。

在古代世界，蠶絲織成的絲綢可是中國所獨有的，是為中國人所壟斷的。這一種衣料呢，高端大氣上檔次，穿到身上華麗又舒服，男士穿著如王爺，女士穿著如名媛，所以各國人民啊，當然尤其是有錢的貴族或土豪們，對於絲綢那可真真是眼饞肚飽的！

中國人小心守護著蠶絲的祕密，執絲綢業之牛耳數千年（如果由嫘祖娘娘開始算的話），可是終於有一天，這祕密不幸洩露。洩密大抵發生在西元一世紀的上半葉，彼時有一位漢公主和親嫁到西域的于闐，公主顯然是絲綢的愛好者，她擔心此生再也無緣穿上真絲衣了，於是，將蠶卵藏在她的頭髮裡帶到了于闐，可能公主沒有意識到事情的嚴重性吧，她帶去的蠶卵才是她最最珍貴的嫁妝，從此于闐搖身一變為西域有名的絲國，快樂地從中國獨霸的絲綢貿易中分到一杯羹。

又有一個傳說，大約到了西元550年，有幾位東羅馬帝國的傳教士來到中國，他們將蠶卵藏到中空的手杖中帶回了君士坦丁堡，他們將蠶卵進獻給皇帝，這樣，東羅馬帝國也逐漸掌握了養蠶紡絲的工藝，亦從絲綢貿易中獲利頗豐。

好了，蠶和桑就講到這裡吧，下面談一談梓。

梓樹一般株高5～10米，它的葉子很大，約有一張人臉那麼大，葉片闊卵形，葉子常常分為三到五裂，猶如一個胖胖的手掌。花期6～7月，花兒為淡黃色的鐘形花，一大串花兒會聚生在每一個枝頭呈圓錐花序。葉子雖大花兒卻小，每一朵梓花只有指頭的一節那麼大，而整個圓錐花序，才有一片梓葉那麼大。

梓木生長極快，由於這個原因呢，中國人就特別喜歡將梓樹種在房子的周邊，需要製作家具的時候，就可以就地取材了，是不是很聰明呢？由於梓木常用於家居，中國人特別青睞於它，因而稱其為「木王」，又有將木工稱之為「梓人」、「梓師」的。

梓又可用于印書的木版，中文便有一個詞叫「付梓」，就是指排版印書了，袁枚《祭妹文》便有云：「汝之詩，吾已付梓」，袁妹泉下有靈的話，一定十分快慰吧。其實除了梓木，梨木和棗木也挺適合做印書版的，因而中文又有「付之梨棗」一詞，也是印書的意思。

桑梓代表中國人的故鄉，若你已經成年，一定有過思鄉之情吧，尤其是身在異鄉的遊子，那一種「鄉愁」恐怕常常縈繞在心頭，令你歡喜令你憂吧，「獨在異鄉為異客，每逢佳節倍思親」，這樣的遊子，見到桑梓有沒有喜樂一點呢？

朝顏、夕顏、晝顏

　　旋花科有三姐妹：牽牛花、月光花、旋花，由於它們分別在早晨開花、晚上開花、白晝開花，所以又各被稱為朝顏花、夕顏花、晝顏花。旋花科的植物多是纏繞莖（正是由於這個原因才叫旋花），大家熟識的牽牛花，其嫩莖不就是喜歡纏繞在別的植物身上生長嗎？月光花和旋花也是如此，因纏繞得攀緣。但旋花科中並非所有的植物都是這樣，譬如番薯和空心菜，它們都不用向上攀援的，故而不必纏繞。

　　三姝的花形挺像的，正看如滿月，側看像喇叭，但是牽牛花和月光花比較大，約如一隻手掌心，旋花比較小巧，約如一節手指頭。

　　花期，牽牛花和月光花均在夏秋之間，7～9月的樣子，這一段時間正逢七夕，或許是這個原因，先民們才將牽牛花叫做牽牛花的吧。旋花則略微早一點，一般在6～7月，盛夏的時候。

　　花色，月光花多是純白的，盛開之時有如地上一輪皎潔的明月，因而雲南人又叫它「嫦娥奔月」，英國人則叫它Moonflower（月亮花），設若月圓之夜觀賞這月亮之花，此情此景一定別有趣

味吧。相對於月光花的素白，牽牛花的花色就豔麗得多了，其有藍色、紅色、紫色、複色之類，花瓣又常有各色瑰麗的鑲邊，所以英文將牽牛花叫做Morning Glory（早晨的榮耀），Morning描其朝顏，Glory則繪其色彩繽紛。至於旋花呢，常常是白色，也有淡紅色或紫色的。

旋花科中除了正牌的旋花之外，又有一種小旋花，昵稱打碗碗花，就是那種摘了之後會令你打破碗的打碗碗花，當然這只是一個有趣的民間傳說，不必較真的。旋花和小旋花外形十分相像，只是旋花大一點兒，旋花都夠小巧了，小旋花更加小巧，恰如一節小指頭大小。

旋花白天開放，大約下午四點就閉合了，由此看來，「晝顏」還是蠻貼切的，畢竟花兒一般都是白晝開花的，可是到了晚上它們也常常不閉合，可是晝顏就不同了，它是嚴格的，只在白天綻放。

雛菊

　　雛菊，這是一個有著憂鬱和優雅氣息的花名，由這名可知，伊是一種小巧秀美的菊花。

　　雛菊的株高有10～20釐米，花兒的直徑只有2～3釐米，是不是很小巧呢？雛菊的花兒是典型的頭狀花序，所謂頭狀花序，好比花兒長在一顆頭上，不過這頭可以是球形、圓錐形，也可以是扁平的。雛菊花就是一種扁平的頭狀花序。

　　花序就是著生在一枝花梗上的一群小花。雛菊的小花，分為白色舌狀花和黃色管狀花，舌狀花分布在外，其外緣的尖端常常呈淡紅色，不過舌狀花也有紅色和粉色的。黃色的管狀花排列在內，密密麻麻的，人們很容易將她誤認為花蕊，其實她不是花蕊，她就是一株株的小花，她的裡面有花蕊。

　　這樣雛菊花啊，外面白色的舌狀花圍成一個白色的花環，裡面黃色的管狀花聚成一個黃色的圓心，白色與黃色，舌形與管形，相映成趣，素雅而靜美。

　　雛菊深受義大利人的喜愛，他們愛雛菊勝過其他一切花兒，因而選雛菊為國花。

　　雛菊的花期在春季，所以，她是春菊，而不是秋菊。

　　雛菊的花語是什麼？是快樂和暗戀。如果你想要你的朋友快樂，可以送給她雛菊。如果你要向心儀的人兒表達愛意，也可以送給她雛菊。其實，自古以來，雛菊還被用來占卜戀情呢。怎麼占卜呢？雛菊花不是有一圈白色的舌狀花嗎？手裡執著那雛菊花，一片一片剝落那白花，從第一片開始在心中默念：「愛我，不愛我，

愛我，不愛我……」，一直到最後一片，最
後一片就代表愛人的心意，如果你正好數到
「愛我」，那就是大吉大利兩情相悅，如果
數到「不愛我」，那只怕愛情就要落空了。

　　大家看，素雅又美麗的雛菊是不是很有趣很
可愛呢？

鈴蘭

鈴蘭是一種擁有漂亮名字的花兒，「鈴蘭」的這個發音也非常美妙——「發出鈴音的蘭兒」，宛如一位風華絕代的佳人在林中歌唱，實在令人心儀。

當然，鈴蘭是不會真的發出鈴音的，她之所以叫「鈴蘭」，是因為她的花兒像鈴鐺。另外，鈴蘭其實不屬於蘭科，她屬於百合科，百合科鈴蘭屬中唯一的一種，她的英文名就是Lily Of The Valley，就是「幽谷之百合」。之所以名叫「蘭」，是因為鈴蘭的花兒像蘭花，她們一般都是白色的。

鈴蘭乃是多年生的草本，株高20～30釐米，葉子只有2～3枚，是芭蕉葉那般的大葉子，當然沒有芭蕉葉那麼大，但是那葉子的葉柄長約15釐米，葉片也長約15釐米，相對於嬌小的鈴蘭來說，真是非常碩大了。葉子的基部互相環抱，形成劍鞘一般的形狀，葉子的上部則舒展為卵圓形。

鈴蘭的花期是暮春初夏，每一株鈴蘭會開約10朵鈴蘭花兒，這些鈴鐺形的小花兒直徑只有約1釐米，下垂而芬芳，端的是非常可愛。眾多的小花兒其實都長在一枝花葶（只生花不生葉的枝條）上，花葶高約15～30釐米，被葉子環繞在中心，花葶並不是直立的，她會很風情地偏向一邊，宛如西子捧心。

鈴蘭花兒多是白色，但也有粉紅色的。大家想一想，那聖潔的白色小鈴鐺或嬌豔的粉色小鈴鐺開在一片碧玉之中，是不是非常美麗？

　　到了盛夏，鈴蘭花凋零萎謝，鈴蘭果珠胎暗結，那果兒是紅豔豔、嬌滴滴的，叫人垂涎欲滴，可是要小心了，鈴蘭果兒是有劇毒的，包括花兒、綠葉，鈴蘭的全株都是劇毒的，所以大家可不要亂吃哦。

　　關於鈴蘭有許許多多美麗動人的傳說，但是其中最最動人的，我覺得是這一個，鈴蘭花兒，是主耶穌受難十字架之後聖母哀痛的眼淚所化成的，所以鈴蘭花兒，也叫「聖母之淚」，難怪鈴蘭給人那麼聖潔的感覺呢。

　　最後談談鈴蘭的花語，鈴蘭的花語乃是「幸福」，法國人非常喜歡鈴蘭，還有荷蘭、比利時、瑞士、安道爾人，他們都會在鈴蘭花開之後互贈鈴蘭，祝願友人在接下的一年裡幸福美滿，不過芬蘭人更加喜歡鈴蘭，他們定鈴蘭為國花，這個冰雪之國立冰清玉潔的鈴蘭為國花，可真是蠻稱的。

杜鵑花與杜鵑鳥

　　杜鵑花與杜鵑鳥，一個是花一個是鳥，明明有天壤之別，可為什麼都叫「杜鵑」呢？且聽一個哀怨的故事。

　　故事的主角叫杜宇，杜宇是古蜀王國第四王朝的末代國王。這兒的古蜀王國，可不是劉備和劉禪的蜀漢，而是一個非常古老的古國，古到什麼程度？古蜀王國第一王朝叫蠶叢王朝，彼時對應中原王朝是夏朝。蠶叢王朝的統治者叫蠶叢氏，這是一個善於養蠶的王族。

　　到了商朝，蠶叢氏衰微了，伯灌氏竄起取而代之。伯灌氏執政五百餘年，魚鳧氏又起來搶班奪權，建立第三王朝。魚鳧氏參加過歷史上赫赫有名的武王伐紂的「牧野之戰」，羽翼周武王奪取到天下。李太白《蜀道難》有云，「蠶叢及魚鳧，開國何茫然」，講的就是這一段歷史。

　　魚鳧氏之後，杜宇氏終於粉墨登場。杜宇氏善於農耕，曾得到古蜀王國人民的由衷愛戴，可是杜宇氏傳到末代國王杜宇兒那兒，杜宇兒不知怎麼搞的讓大權旁落到宰相鱉靈的手裡，鱉靈篡奪了杜宇的王位，還將杜宇流放到深山老林。

　　「最是倉皇辭廟日」，杜宇兒被流放之後，整日裡哀哭切齒、怨天尤人、淒淒慘慘戚戚，不久就含恨而終。可是，杜宇雖死，怨氣不解，他的怨靈化成杜鵑鳥。暮春初夏，杜鵑鳥不是會徹夜不停鳴叫嗎？牠是在詛咒牠的亂臣賊子呢。

　　牠的鳴聲是如此的哀切激越，以致鳥喙咳血，濺到花心，留下血色的斑點。這種花兒，就是杜鵑花。這就是「杜鵑啼血」的故

事，當然，這僅僅是故事，當不得真的。但是，這個故事卻如此淒美動人，以致成了中文文學的經典。這個故事正是杜鵑鳥與杜鵑花聯繫的紐帶。

南唐詩人成彥雄寫過一首《杜鵑花》：「杜鵑花與鳥，怨艷兩何賒！疑是口中血，滴成枝上花。一聲寒食夜，數朵野僧家。謝豹出不出？日遲遲又斜。」端的是令人動容，寫意出了杜鵑啼血的哀傷和豔麗。

李白的《宣城見杜鵑花》也很絕，「蜀國曾聞子規鳥（杜鵑鳥），宣城（在安徽）還見杜鵑花。一叫一回腸一斷，三春三月憶三巴。」──睹物思人。睹見杜鵑花，想起杜鵑鳥。想起杜鵑鳥，思念起故鄉。故鄉啊故人，真叫我魂牽夢縈、柔腸寸斷！

白居易《琵琶行》歎息道：「我從去年辭帝京，謫居臥病潯陽城。……其間旦暮聞何物，杜鵑啼血猿哀鳴」，看來白樂天可不

喜歡聽杜鵑叫，本來被皇上貶謫就很不爽了，哪裡受得了杜鵑的啼血、猿猴的哀鳴？

中國有「杜鵑啼血」的哀歌，西方也有相類的「荊棘鳥」的歡唱。雖然一個是哀歌一個是歡唱，卻是同樣淒美動人。荊棘鳥是什麼鳥呢？牠是一種南美小鳥，羽毛鮮豔如焰如火，愛在荊棘之中嬉戲覓食，因而得名「荊棘鳥」。

荊棘鳥有什麼了不起？且聽這個故事：

相傳有那荊棘鳥，一生只唱一次歌。歌聲委婉而動聽，天下萬鳥不可比。打離母巢那一刻，不眠不休尋覓覓，只為覓到荊棘叢。孜孜以求為哪般？荊棘叢中放歌唱。

雀躍歡唱上下飛，渾不在乎荊棘枝。尖刺刺穿嬌兒軀，嬌兒忍痛發鳴囀。肉體凌虐不可惜，一心激蕩唯美聲。

一曲終了，天地失色，鳥兒身死，牠是用生命在歌唱。

寧願追求宏大的夢想，即使夢想終究幻滅，也不願庸庸碌碌過一生。我想，這個是荊棘鳥內心真正的想法吧。用生命去追夢的鳥兒，你是多麼可貴可愛啊！

好了，荊棘鳥魂歸極樂，杜鵑鳥王者歸來。現在仔細介紹一下杜鵑鳥。

杜鵑鳥其實不是一個種，而是一個科，鵑形目杜鵑科，其中各色杜鵑共有100多種。雖然有這許多種，大小也不盡相同，但既然同屬一科，形態和習性上就自然有許多共性：鳥身苗條，尾長腿壯，一般住在森林裡，以昆蟲為食，尤愛其它鳥兒避之唯恐不及的蝴蝶幼蟲——毛毛蟲。

杜鵑鳥雖然是王子王孫，但牠其實也是鳥中之賊。雖然不是所有的種類，像走鵑和鴉鵑就不是，但有60多種杜鵑兒，端的是不折不扣的賊鳥。為什麼呢？

杜鵑兒並不偷東西，相反地還給別的鳥兒送大禮，牠在別的鳥巢裡產卵，將自己的孩子送給牠們。這樣一種奇怪的行徑叫做「巢寄生」。大家可千萬別認為杜鵑兒是送子娘娘，牠才沒有安好心呢。

原來杜鵑夫妻是懶鳥兩枚，牠倆交完尾要生了，卻發現沒有愛巢（杜鵑夫人不要婚房也蠻難得的），這可怎麼辦呢？夫妻兩下一合計，「不如我們秘密將蛋生在別家的鳥巢裡魚目混珠，讓其他鳥兒傻傻幫我們養孩子！」

牠們說到做到，趁別家的大鳥出門巢兒空虛，杜鵑夫人就風風火火深入鳥巢誕下王子公主，然後心下暗爽地揚長而去。

杜鵑先生並不完全是看客，有時候，牠會主動挑逗、激怒目標鳥巢內的大鳥，目的是調鳥離巢，這樣杜鵑夫人就有機會搞魚目混珠的把戲了。

猛然想到呂不韋「奇貨可居」的故事。呂不韋不就是一隻老謀深算的杜鵑先生？趙姬不就是一隻身不由己的杜鵑夫人？莊襄王不就是一隻倒楣的大鳥？當然，真正的杜鵑夫人不會是身不由己的，她積極得很呢。

回過頭來談杜鵑。杜鵑兒雖然狡獪，可其他鳥兒也不全是傻瓜。有的鳥兒可以辨識杜鵑蛋，將其逐出門牆。有的鳥兒跟杜鵑兒仇人相見分外眼紅，見一次打一次，打到牠知難而退畏畏縮縮，再無非分之想。有意思吧，這個妙妙的自然。

杜鵑兒不但大鳥狡獪，小鳥也很奸詐。杜鵑蛋往往比養父母的親生蛋孵化更快，小杜鵑長得也更快，這樣，小杜鵑面對牠的那些弟弟妹妹們就會有體形和力氣的優勢，趁養父母不在家，牠會擠掉那些可憐的鳥蛋和幼鳥，小弟弟小妹妹就這樣被牠謀殺。

小杜鵑不但是謀殺犯，還是個搶食鬼。養父母餵食的時候，小杜鵑會將鳥喙張開老大，並發出急促的乞食聲，這樣牠就可以得

到更多的餵食，或許是這個原因，小杜鵑才生長更快吧。孟夫子要是見到小杜鵑這一副汲汲營營的樣子，肯定會怒不可遏，「見利忘義」的傢伙！

可是，小杜鵑怎麼有時間去學習幹壞事呢？沒時間，這是杜鵑的本能，藏在杜鵑的基因裡，不用學就會的。所以杜鵑鳥天生就有流氓的基因，天生就是塊賊鳥的材料。

下面介紹一下杜鵑鳥的種類。杜鵑鳥共有100多種，其中最有名的是布穀鳥。為什麼叫「布穀鳥」呢？因為牠的叫聲就是「布穀—布穀—布穀」這樣叫的嘛，另外，布穀鳥鳴叫之時，正值暮春初夏，正是許多農作物播種之時，看來，牠是在催促人們辛勤勞作，抓緊時間「布穀」呢。

不過，布穀鳥也是一種巢寄生的賊鳥，牠能將蛋生在100多種小鳥巢裡，這種連自己孩子都懶得養的懶鳥卻要催促人們去「布穀—布穀」，真是莫大的諷刺啊。

杜鵑鳥中，還有四聲杜鵑和八聲杜鵑很有趣。四聲杜鵑是這樣叫的——「豌豆八哥」，不過牠可不是真八哥，牠只是「豌豆八哥」。八聲杜鵑則是「嘰—嘰—嘰—嘰—嘰嘰嘰嘰」，也就是說，這八聲越叫越快，那個神采有點像火車啟動。

杜鵑有許多別名——杜宇、望帝、子規、子歸、謝豹等。「杜宇」就不用多說了，杜鵑鳥就是杜宇變成的嘛。至於「望帝」，仍然是指杜宇，因為杜宇兄指望復辟啊，李商隱《錦瑟》詩云：「莊生曉夢迷蝴蝶，望帝春心托杜鵑」，就是這個寄意。

陸游《鵲橋仙之夜聞杜鵑》詠歎，「林鶯巢燕總無聲，但月夜常啼杜宇。催成清淚，驚殘孤夢，又揀深枝飛去」，杜鵑啊杜鵑，你的淒厲歌聲勾起我的愛恨情仇。

至於「子規」和「子歸」，則是因為杜鵑的鳴聲有點像「不如

歸」，這個應該是「布穀」的另一種音譯吧。李白《蜀道難》有云「又聞子規啼夜月，愁空山」，子規的鳴囀，吟唱出悲涼的味道。

那麼「謝豹」如何解釋呢？「謝豹」乃是吳儂軟語，反正指杜鵑就是了。古代有一句有名的重言詩——「杜鵑謝豹子規啼」，這個音律還蠻動聽的，但其實杜鵑就是謝豹，謝豹就是子規，大家都是杜鵑鳥。這句詩的意境，或許是在說好多杜鵑鳥兒嘰嘰喳喳聚在一起，令人五音耳聾、目眩神迷吧。

好了，杜鵑鳥就談到這裡，杜鵑花兒該亮相了。

杜鵑花不是一個種而是一個屬，杜鵑花科杜鵑花屬，屬內約有一千種杜鵑花。杜鵑花多為灌木鮮少喬木，其花分為五瓣，花心有許多紅點，紅點就是杜鵑鳥啼的血吧，真是叫人心悸而驚豔。

杜鵑花的花期與杜鵑鳥的鳴期正好一致，都在暮春初夏，難怪古人會幻想，杜鵑鳥一啼血，杜鵑花就落紅，它們的確是有緣分的一對兒，所以名字都一樣。

杜鵑花最迷人之處在於花兒只開在枝頭，可是這有什麼了不起呢？如果只有一株兩株三株四株五株……開在枝頭，這是沒有什麼了不起，但若有一千株一萬株，甚至漫山遍野開滿了杜鵑花，那個畫面可就乖乖不得了啦，因為花兒生在枝頭，你的眼前根本就是一片花團錦簇的杜鵑花海！

千種杜鵑花中有一種映山紅，為什麼叫「映山紅」呢？因為成片映山紅一開，大山也會被映紅，那個瑰麗的景觀，有點像日出日落、朝霞晚霞，實在是人間的勝境。

除了映山紅，還有滿山紅，滿山紅還要瑰麗漂亮。映山紅開，大山映紅，可惜還有許多雜色，好比綠葉、蒼枝、黑石、黃花。可是滿山紅開呢，漫山遍野沒有一絲一毫的雜色，統統都是紅色（當然誇張一點），所以她的芳名叫作滿山紅。

為什麼滿山紅開就看不到雜色呢？因為滿山紅很怪，花兒先開葉子後開。葉子也要開？葉子要從葉芽裡開出來啊。換句話說，葉子抱在芽內，花兒已然盛開，這樣滿山紅花開的時候，滿眼望去都是粲然的紅色，端的是千古壯觀、令人動容，大家有機會不可以不去玩賞。

映山紅、滿山紅都有別名山石榴，白居易有一首《山石榴寄元九（元稹）》：「閒折二枝持在手，細看不似人間有。花中此物是西施，芙蓉芍藥皆嫫母。」白先生為了捧杜鵑花，不惜嘲弄芙蓉和芍藥是醜女嫫母，實在是厚此薄彼、用心良苦！

喜愛芙蓉和芍藥的人兒恐怕是看了心有不甘，但是，從白先生的這首麗詩可以領略到，原來杜鵑花如此嬌美動人！

杜鵑花屬還有一種「羊躑躅」，或者叫「黃杜鵑」，為什麼叫「黃杜鵑」呢，因為她開的是黃花。為什麼叫「羊躑躅」呢？因為她的花葉果兒都有毒，若不小心誤吃了，輕則發暈肚痛，重則命喪黃泉，甚至，她的花蜜都是有毒的、不能吃的。

那麼「羊躑躅」，大家想一想，羊兒要是不小心吃了她的葉子，腦袋是不是要發暈，身子是不是會「躑躅不前」？所以，野外的東西，大家可千萬別亂吃。

紅樓女兒花

紅樓裡眾多出色的女兒，分別可以比作什麼花兒呢？

1、芙蓉花

黛玉至情至愛，冰清玉潔，寶玉的最愛，「任憑弱水三千，我只取一瓢飲」。以芙蓉觀黛玉，一樣的秀麗絕倫，一樣的清雅脫俗，一樣的朝開暮謝、紅顏薄命。而且，黛玉掣的花籤亦是芙蓉花。

晴雯個性剛烈，敢愛敢恨，而且非常漂亮，「水蛇腰，削肩膀，眉眼有點像林妹妹」，深得寶玉的喜愛。其實晴雯也是一支玫瑰花，是容不得人欺負的，寶二爺衝撞了她，便有「晴雯撕扇」，王善保家的要搜她，她「豁一聲將箱子掀開，兩手捉著底子，朝天往地下盡情一倒，將所有之物盡都倒出」。

可是，這裡為什麼說晴雯是芙蓉花呢？這都是因為小丫頭哄寶玉，說逝去的晴雯做了「芙蓉女神」，之後又有寶玉作了淒美動人的《芙蓉女兒誄》，配上「群花之蕊，冰鮫之縠，沁芳之泉，楓露之茗」到芙蓉樹前祭吊晴雯。

其實，仔細想想，晴雯也是蠻像木芙蓉的。比如說容貌，晴雯應該是丫頭中最漂亮的一個吧，要不王夫人怎麼看她「有春睡捧心之遺風」呢？雖花界美麗者甚眾，可那木芙蓉也算得花中的西施

了。寶玉之寵晴雯，美貌不能說不是一個重要的原因，而世人之愛木芙蓉，最心儀的不正是其俏麗的花容嗎？

　　再比如說境遇，芙蓉花兒朝開暮落，黛玉如此，晴雯亦如此，雙姝均是英年早逝。再看晴雯的人生，雖得到寶黛釵等人的尊重與喜愛，卻又受到王善保家的等人的仇視，挑唆著王夫人，居然將晴雯給攆了出去，病恨交加之下，可憐晴雯一縷香魂，就此別去。對觀晴雯的判詞，「霽月難逢，彩雲易散。心比天高，身為下賤。風流靈巧招人怨。壽夭多因譭謗生，多情公子空牽念」，她的境遇，實在令人心有戚戚。

2、牡丹花

　　寶釵掣花籤，掣得的正是牡丹花，「籤上畫著一支牡丹，題著豔冠群芳四字，一面又有鐫的小字，一句唐詩，道是：任是無情也動人。」紅樓諸女兒中，寶釵的確堪稱完美，現實生活中的完美，雖不若黛玉之清雅絕倫，但雙姝也算是各有千秋，分別將現實與理想之美演繹到了極致。

3、玫瑰花

　　興兒對尤二姐**尤三姐**介紹探春是這麼說的，「三姑娘的渾名是玫瑰花，玫瑰花又紅又香，無人不愛的，只是刺戳手。也是一位神道，可惜不是太太養的，老鴰窩裡出鳳凰。」當時興兒可能還不知尤三姐的手段呢，等到尤三姐將賈珍、賈璉兄弟給戲耍了，賈璉勸

他珍大哥，「就是塊肥羊肉，無奈燙的慌，玫瑰花兒可愛，刺多扎手。咱們未必降的住，正經揀個人聘了罷。」璉哥兒的掏心話還真是好笑，定是給玫瑰花紮慘了吧。

玫瑰花是可愛的，玫瑰花更是可敬的，她們不但拼命捍衛自己的尊嚴，好比尤三姐之自刎，而且拼命捍衛家人和朋友的尊嚴，好比探春之護佑丫鬟。誠然，尤三姐之放浪，探春之待趙姨娘，令雙姝有些美中不足，但總的來看，她們是骨子裡的貴婦。

4、芍藥花

雖然**史湘雲**掣到的花籤是海棠花，但是「憨湘雲醉眠芍藥茵」實在太過搶眼，這一經典畫面令這一對花人結下了不解之緣。況且，牡丹為花王，芍藥為花相，花相應該是喜歡和佩服花王的吧，要不然輔佐她幹嘛？而在紅樓之中，湘雲最喜歡最佩服的不正是牡丹姊姊薛寶釵嗎？

5、梅花

紅樓裡邊有許多唯美的畫面，但是能與「芍藥茵」爭鋒的，大概只有「黛玉葬花」、「寶釵撲蝶」、「薛寶琴踏雪尋梅」了吧。正如「芍藥茵」之於湘雲，「踏雪尋梅」也令**寶琴**與梅花牽上了線。

另外，寶琴的未婚夫是梅翰林之子，所謂「琉璃世界白雪（薛）紅梅」，兩人的婚姻，應該是鸞登對幸福的吧，這不，寶琴又與梅結緣了。

其實，寶琴的性情也非常像梅花。她打小跟著自己的商人父親走南闖北，「天下十停走了有五六停」，甚至還到過那個「真真國」（可能是臺灣），可是縱然見多識廣，卻沒有變得老奸巨猾，依然保持了純真和心熱，這一點與梅花的堅貞是不是很像呢？

所以，寶琴與梅花有了這三重緣分，拿梅花來喻寶琴應該沒錯吧。

李紈是誰？王夫人之大兒媳，賈珠之妻，寶玉之嫂，賈蘭之母。賈珠不到20歲就英年早逝，留下一對孤兒寡母，年紀輕輕的李紈，只好開始了她的漫漫守寡路，一心一意地守護蘭兒。早早失了夫君畢竟是殘酷的，她的人生只能在寂寞、冷清、空虛中度過，形同「槁木死灰」，孩子是她唯一的慰藉。

「飛雪漫天，凍霜沁膚，我自傲雪淩霜」，梅花就有這樣一股子狠勁兒，外界愈是險惡，花兒愈是怒放。所以梅花的格調，一個字言之，乃是一個「貞」字。李紈正是這樣一個貞靜的女子。

談到「寡婦守貞」，大家一定不以為然，但是此一時也，彼一時也，在當時的社會環境，在當日的賈府中，她又能怎樣呢？李紈真正令人佩服的是，她認同那樣的一套價值觀，她就謹守那樣一套價值觀，僕始終覺得，有信仰的人，勝過無原則的人，當然這信仰必須是有其合理性的。

在那個年代，李紈的選擇應該是對的，一種無可奈何的對。雖然早早成了「槁木死灰」，但至少她還能從孩子身上得到安慰，至少可以安穩的做她的富家媳和她娘家的倚靠。其實李紈並不是完全的「槁木死灰」，後來大家搞了詩社，她不就「死灰復燃」活躍得很，做了一回「稻香老農」，還當了一回海棠社主？

像李紈這種優秀的女子，其實鳳姐都還有點兒怵她三分，她的人生中精彩的插曲應該也挺多的吧。最後看看李紈的判詞，「桃李

春風結子完（生了孩子，她的春天也就結束了），到頭誰似一盆蘭（賈蘭出息了）？如冰水好空相妒（高潔卻並不被人羨慕），枉與他人作話談

（威赫赫爵位高登，昏慘慘黃泉路近——晚年人生到達頂峰，卻又無福消受了）。大家或許會認為李紈的一生是一幕悲劇，青年守寡悉心教子，老年因兒子成器而鹹魚翻身大富大貴，可是沒享幾天福她便撒手人寰了，可是放眼整個社會，李紈已經是好命啦，她的人生先有一個美好的開始，中間雖然寂寞辛酸，但是因著她的「老梅堅貞」，她和蘭兒收穫了一個絢爛的結尾。

好了，總結一下，小薛是小梅，李紈是老梅，她們都是堅貞的梅。

6、霸王花

說王熙鳳鳳姐是賈府中的女霸王，應該沒有疑議吧，當然這霸王是針對下人的。她的角色就好像是榮國府的執行長，對上要聽命於賈母和王夫人，對下要貫徹執行領袖的方針，對上流社會她長袖善舞人緣好，對下層社會她軍令如山威信高，總而言之，鳳姐是個天生的統帥。

將鳳姐比作霸王花，多是因為花名的緣故，唯有霸王花的名頭，方才配得鳳姐的霸氣。可是世上真有霸王花嗎？有的。霸王花也叫大王花、大花草、王花、屍花。之所以叫「霸王花」，乃是因為其花朵之大天下無雙，其直徑居然可以達到一米多，最大的甚至可達三米，都可以當作花床在上面睡覺了。可是人兒是不可以睡

在霸王花上面的，因為霸王花的氣味兒不是幽香，而是屍臭，這屍臭會吸引甲蟲過來為她傳粉。霸王花還是一種寄生植物，無根亦無莖，專一地倚靠葡萄科的植物，在那些冤家身上敲骨吸髓，汲取一點兒營養，來維繫她的巨大的嬌軀。

這般看來，用霸王花喻鳳姐，是有點兒唐突佳人了，鳳姐這樣的大美人香豔都來不及，怎麼會發臭呢？

可是，鳳姐不是善於聚斂嗎？「弄權鐵檻寺」就坐享了三千兩（這樣的手段只怕多了去了），大家的月子錢拿去放高利貸一年就巧取一千兩，如此看來，鳳姐是不是斂財有道？這是不是有像那練成了吸星大法的霸王花呢？

7、桃花

襲人為什麼是桃花，這還是要從花籤談起，「襲人便伸手取了一支出來，卻是一枝桃花，題著武陵別景四字，那一面舊詩寫著道是：桃紅又是一年春。」

「武陵別景」是什麼意思呢？可別忘了，「桃花源」正是在武陵，所以「武陵別景」乃是在默示「世外的桃花」，那麼襲人是這樣的嗎？

有人覺得襲人世故，不比晴雯的率真可愛，這個沒有話講；有人覺得襲人沒有晴雯漂亮，這個也沒有爭議。可是，環肥燕瘦，各有其妙，蘿蔔白菜，各有所愛。

從外貌上說，襲人雖不是美豔奪目（如晴雯）的，但也是「柔媚嬌俏」（原文）的，這個跟桃花是彎稱的。桃花不是像芙蓉、牡

丹、玫瑰、梅花那般第一流的名花，甚至還有一點點俗豔，可是不能否認，春日賞桃花實在是一件快樂怡人的美事，而襲人不正是這樣一位教人「如沐春風」的女人嗎？

從個性上說，率真固然可愛，世故卻未必可恨。率真猶如一枝花，人見人愛；世故卻像一把刀，可以做好優化人際關係，也可以為非作歹媚上欺下。紅樓有云「世事洞明皆學問，人情練達即文章」，有學問有文章的人哪，好事可以做成菩薩，壞事可以做成魔頭，就是這個道理吧。

襲人的世故應是善意的，不用說她對寶玉多麼體貼入微，不用說她多麼會替賈母、王夫人操心，其實判斷人性的高貴與否，重要的不是看她對強者有多好，而是看她如何對待比自己弱的人。襲人在丫頭集團裡是個大姐，可她有沒有倚勢欺負小姐妹呢？應該沒有吧，找不到這個記錄，反倒是，秋紋、碧痕還打壓過小紅，晴雯也「狂樣子」罵過小丫頭（王夫人眼見）。所以，襲人不是恃強淩弱的人，她的世故是善意的，她就是一株芳美的桃花。

8、荼蘼花

「**麝月**便掣了一根出來。大家看時，這面上一枝荼蘼花，題著韶華勝極四字，那邊寫著一句舊詩，道是：開到荼蘼花事了。注云：在席各飲三杯送春。麝月問怎麼講，寶玉愁眉忙將籤藏了說：咱們且喝酒。」

那麼，荼蘼花究竟是怎樣的佳麗呢？

荼蘼也叫酴醾、佛見笑，薔薇科懸鉤子屬，跟覆盆子（樹莓）是同一個屬。覆盆子最明顯的特點是它的草莓般的漿果，不過這「草莓」長在樹上，荼蘼也是這樣，秋天荼蘼會結出好看又好吃的

紅漿果。

但是荼蘼引人注目的不是她的果，而是她的花。荼蘼花盛開於初夏，花兒白色，分為五瓣，香氣濃郁。荼蘼花有什麼奇妙呢？奇妙在花期正好是花季之末，奇妙在詩神們都喜歡這個調調兒，然後她就揚名立萬了。

蘇東坡《酴醾花菩薩泉》：「酴醾不爭春，寂寞開最晚。」

王淇《春暮遊小園》：「一從梅粉褪殘妝，塗抹新紅上海棠。開到荼蘼花事了，絲絲天棘（天門冬）出莓牆。」

王菲唱過一首歌，《開到荼蘼》，林夕的神作，「誰給我全世界，我都會懷疑，心花怒放，卻開到荼蘼……每一個人碰見所愛的人，總心有餘悸。」——心花怒放，卻開到荼蘼，所以大家要淡定。所以荼蘼花呀，簡直就是一枝末路狂花，過了這個村，就沒有花街啦。

回過頭來談麝月。麝月為什麼是「末路狂花」呢？因為她是陪伴寶玉到最後的丫頭，即使物是人非，即使風雨飄搖，即使大廈將傾。

好了，紅樓女兒花，開到荼蘼花事了。

Do科學06　PB0033

一花一世界
──你所不知的植物故事

作　　者／姚灑語
責任編輯／陳佳怡
圖文排版／楊家齊
封面設計／王嵩賀

出版策劃／獨立作家
發行人／宋政坤
法律顧問／毛國樑　律師
製作發行／秀威資訊科技股份有限公司
　　　　　地址：114 台北市內湖區瑞光路76巷65號1樓
　　　　　電話：+886-2-2796-3638　　傳真：+886-2-2796-1377
　　　　　服務信箱：service@showwe.com.tw
展售門市／國家書店【松江門市】
　　　　　地址：104 台北市中山區松江路209號1樓
　　　　　電話：+886-2-2518-0207　　傳真：+886-2-2518-0778
網路訂購／秀威網路書店：https://store.showwe.tw
　　　　　國家網路書店：https://www.govbooks.com.tw

出版日期／2015年8月　BOD一版　定價／270元

|獨立|作家|
Independent Author

寫自己的故事，唱自己的歌

一花一世界：你所不知的植物故事 / 姚瀟語著. --
一版. -- 臺北市：獨立作家, 2015.08
　　面；　公分. -- (Do科學；PB0033)
BOD版
ISBN 978-986-5729-85-1(平裝)

1. 植物　2. 通俗作品

370　　　　　　　　　　　　　　104008523

國家圖書館出版品預行編目

讀 者 回 函 卡

感謝您購買本書,為提升服務品質,請填妥以下資料,將讀者回函卡直接寄
回或傳真本公司,收到您的寶貴意見後,我們會收藏記錄及檢討,謝謝!
如您需要了解本公司最新出版書目、購書優惠或企劃活動,歡迎您上網查詢
或下載相關資料:http:// www.showwe.com.tw

您購買的書名: _____

出生日期: _____年_____月_____日

學歷:□高中 (含) 以下　　□大專　　　□研究所 (含) 以上

職業:□製造業　□金融業　□資訊業　□軍警　□傳播業　□自由業

　　　□服務業　□公務員　□教職　　□學生　□家管　　□其它_____

購書地點:□網路書店　□實體書店　□書展　□郵購　□贈閱　□其他

您從何得知本書的消息?

　□網路書店　□實體書店　□網路搜尋　□電子報　□書訊　□雜誌

　□傳播媒體　□親友推薦　□網站推薦　□部落格　□其他_____

您對本書的評價:(請填代號　1.非常滿意　2.滿意　3.尚可　4.再改進)

　封面設計____　版面編排____　內容____　文/譯筆____　價格____

讀完書後您覺得:

　□很有收穫　□有收穫　□收穫不多　□沒收穫

對我們的建議: _____

_____

_____

_____

11466
台北市內湖區瑞光路 76 巷 65 號 1 樓
獨立作家讀者服務部　　　　收

....

（請沿線對折寄回，謝謝！）

姓　　名：_____　年齡：_____　性別：□女　□男

郵遞區號：□□□□□

地　　址：_____

聯絡電話：(日)_____ (夜)_____

E-mail：_____